JN247271

水産学シリーズ

102

日本水産学会監修

新しい養魚飼料
──代替タンパク質の利用

渡邉　武編

1994・10

恒星社厚生閣

まえがき

　日本の養殖魚生産量の70％以上を占める海面養殖は，マイワシを中心とした生餌にほぼ100％依存して今日まで発展してきたといっても過言ではない．しかし，昭和63年度には450万トンあった漁獲量が毎年数十万トンの規模で減少しはじめ，平成5年度にはすでに200万トンを大きく割り込んでいる．マイワシの漁獲量が減少すれば生餌給餌の海面養殖は大きな打撃を受けるとともに生餌に代わる餌が必要となる．幸いなことに最近海面養殖ではブリとマダイを中心に優れた性能を有する新しいタイプのドライペレットが開発され急速に普及しつつある．

　生餌給餌は，養殖漁場の環境汚染，魚病の発生，薬剤投与，養殖魚の品質低下といった悪循環の原因となり，日本の養殖業を近代化し産業となしえない一つの大きな要因であるといえよう．その意味では現在は生餌を配合飼料化し，環境改善にも貢献できる最適時期であり，飼料メーカーにとっても絶好の機会といえよう．

　しかし，マイワシの漁獲量が減少すれば，配合飼料の主原料である魚粉の生産量も減少する．平成3年度に生産された養魚用配合飼料は約40万トンだが，その内，魚粉の使用割合は約54％で依然として配合率の最も高い原料となっている．一方，同じ年に約2600万トン生産された畜産用飼料では，魚粉の配合率はわずか1.8％で，魚粉に対する依存度は極めて低い．すなわちマイワシの減少により魚粉の生産量が減少すると，大きな打撃を受けるのは養魚飼料である．

　魚類養殖の70％以上を占める海面養殖では生餌を主体に発展してきたため，魚粉以外のタンパク原料の利用に関する研究は皆無に等しかった．最近の海水魚用ドライペレットの開発により代替タンパク質利用の可能性が開かれたわけである．マイワシ資源の減少は早くから予測されており，いろいろな対策がとられてきたが，その一環として水産庁，マリノフォーラム21および文部省科学研究費試験研究グループでは数年前より代替タンパク質の有効利用に関する研究を精力的に展開してきた．

　このような背景のもとに，最近の研究成果を集約し，残された問題点を明確
にするとともに，養魚飼料の配合設計，安定供給ならびに低価格化を計るに必
要な情報を提供することは時宜にかなったことと考え，大変古くて新しいテー
マである「養魚飼料用代替タンパク質利用の現状と課題」と題するシンポジウ
ムを平成6年4月1日，日本水産学会主催により東京水産大学において下記の
とおり開催した．

　養魚飼料用代替タンパク質利用の現状と課題
企画責任者　渡邉　武（東水大）・金沢昭夫（鹿大水）・山口勝己（東大農）
開会の挨拶　　　　　　　　　　　　　　　渡邉　武（東　水　大）
　　　　　　　　　　　　　　　座長　手島新一（鹿　大　水）
Ⅰ．養魚飼料の現状と課題　　　　　　　　中山　寛（日本農産工）
Ⅱ．新型ドライペレットの開発　　　　　　坂本浩志（坂本飼料）
　　質疑
　　　　　　　　　　　　　　　座長　竹内俊郎（東　水　大）
Ⅲ．魚粉代替タンパク質の栄養価　　　　　秋山敏男（養　殖　研）
Ⅳ．魚粉代替タンパク質の利用性改善　　　秋元淳志（日配中研）
　　質疑
Ⅴ．代替タンパク質利用の現状と課題　　座長　村井武四（中央水研）
　1．淡水魚　　　　　　　　　J. Pongmaneerat（NICA）
　2．海水魚
　　1）モイストペレットにおける利用性　　示野貞夫（高知大農）
　　2）ドライペレットにおける利用性―Ⅰ　渡邉　武（東　水　大）
　　3）ドライペレットにおける利用性―Ⅱ　寺田昌司（富士製粉）
　　　　　　　　　　　　　　　　　　　　（マリノフォーラム21）
　3．甲殻類
　　1）微粒子飼料　　　　　　　　　　　金沢昭夫（鹿　大　水）
　　2）育成用飼料　　　　　　　　D. Akiyama（JAPFA）
　　質疑
Ⅵ．総合討論　　　　　　　　　　　　座長　渡邉　武（東　水　大）
　　　　　　　　　　　　　　　　　　　　金沢昭夫（鹿　大　水）
　　　　　　　　　　　　　　　　　　　　山口勝己（東　大　農）
閉会の挨拶　　　　　　　　　　　　　　　金沢昭夫（鹿　大　水）

　本書はその講演の内容にそって取りまとめたものである．本書が魚類の栄養
研究や飼料開発の一助となるとともに増養殖の発展に些かなりとも貢献すると
ころがあれば幸いである．終りに，本シンポジウムを企画・立案された山口勝
己教授および金沢昭夫教授に深甚なる謝意を表するとともに，シンポジウムの
開催に当たり御尽力賜った関係各位ならびに座長各位に厚くお礼申し上げる．

　　平成6年6月

　　　　　　　　　　　　　　　　　　　　　　　渡　邉　　　武

新しい養魚飼料——代替タンパク質の利用　目次

Use of Alternative Protein Sources in Aquaculture

Edited by Takeshi Watanabe

1. 養魚飼料の現状と課題

中 山　寛*

　わが国の魚類養殖業はマイワシの漁獲量の増加とともに発展を遂げてきたが，現在は長引く景気の低迷に加え，円高による輸入水産物の増大，後継者難など取り巻く環境は厳しく，多くの問題や課題を抱えている．中でも近年のマイワシ漁獲量の減少は最も重大な問題であり，特に生餌への依存度が高い海面魚類養殖業にとっては，一つの転換期を迎えようとしている．

　こうした状況を背景とした養魚飼料の現状と今後の課題について述べる．

§1. 魚類養殖業の現状

　わが国の1992年における魚類養殖業の総生産量は35万4千トンである．このうち内水面養殖魚の生産量は9万トン，海面養殖魚の生産量は26万4千トンとなっている．ここ10年間の推移をみると，総生産量は約1.3倍と増加しているが，内水面養殖魚生産量はこの10年間殆ど変化しておらず，この増加は一重に海面養殖魚生産量の増加によっている（図1·1）．海面魚類養殖業ではブリの生

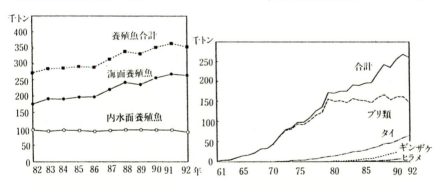

図 1·1　養殖魚生産量の推移
資料：農林水産省統計情報部「漁業・養
殖業生産統計年報」

図 1·2　海面養殖生産量の推移
資料：農林水産省統計情報部「漁業・養殖業生産
統計年報」

* 日本農産工業株式会社

産量がその65%を占めるが，ここ10年間は15〜16万トンでほぼ一定しており，この増加はマダイおよびギンザケの著しい伸びに負うところが大きい（図1・2）．また海面養殖業では近年，高級化，多様化する消費のニーズに応え，ヒラメ，フグ，カンパチなど養殖魚種の多様化が進んでいる．

これら魚類養殖業のわが国漁業に占める位置をみると，生産量はわが国漁業の総生産量926万6千トンに対し，海面魚類養殖業は2.8%，内水面養殖業は1%となっており，魚類養殖業合計では3.8%を占めている．一方，生産額はわが国漁業総生産額の2兆6,070億円に対し，海面魚類養殖業は2,676億円で10.3%，内水面養殖業は955億円で3.7%となっており，魚類養殖業合計の3,631億円は，14%を占めている．すなわち現在の魚類養殖業は，生産量はわが国漁業の4%に過ぎないが，生産額は14%を占める重要な業種となっている．

§2. 養魚飼料の現状

2・1 生餌の需給状況
現在の魚類養殖業においては，まだ生餌が多量に用いられている．

生餌としてはマイワシが主体に用いられてきたが，その漁獲量は1988年の450万トンをピークに年々減少し，1992年には230万トンとなっている（図1・3）．さらに1993年にはこの約30%が減少したと予測されている．

一方，漁業用飼料としての生餌は1992年になお170万トンが消費されて

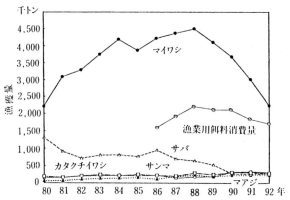

図 1·3 生餌向け多獲魚の魚種別漁獲量及び漁業用飼料消費量の推移
資料：農林水産省統計情報部「漁業・養殖業生産統計年報」
　　　農林統計協会「漁業白書」

おり（図1・3），今やマイワシの漁獲量がこれを下回ることは必至の状況となっている．すなわち生餌が不足することはもはや避けられない．

生餌としてはマイワシの他にカタクチイワシやサバ，サンマなども用いられ

ているが，これらはいずれも量的に限界があり，現在のところマイワシの減少を補えるようなものではない（図1・3）．またこれら生餌を海外から輸入することは輸送コストがかかるうえ，現地積み出し港の施設なども不備で実際的ではないとされる．

　したがって今や生餌から配合飼料への移行は急務であり，配合飼料に大きな期待が寄せられている．

2・2　養魚用配合飼料の現状と課題

　1）　**養魚用配合飼料の生産動向**：養魚用配合飼料の生産量は，1983年以降1991年まで年々増加してきたが，内水面養殖魚用飼料の生産量はむしろ年々僅かに減少しており，この増加は海面養殖魚用飼料の著しい伸びによる（図1・4）．しかしここ1，2年は景気の低迷による養殖生産物の消費の減退や，異常気象による水温低下の影響を受けて停滞している．

　1993年における生産量は32万5千トンとなっているが，このうち海面養殖魚用飼料は21万2千ト

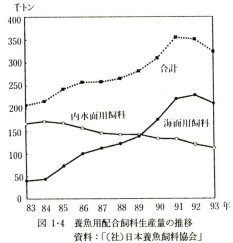

図 1・4　養魚用配合飼料生産量の推移
資料：「(社)日本養魚飼料協会」

ン，内水面養殖用飼料は11万3千トンとなっている（表1・1）．これを魚種別にみると，海面養殖魚ではタイ用が最も生産量が多く11万6千トンで養魚用飼料全体の36％を占め，次いでブリ用が5万8千トンで18％，ギンザケ用が8千トンで3％の順となっている．内水面養殖魚ではウナギ用が最も多く4万2千トンで全体の13％を占め，次いでコイ用が2万5千トンで8％，マス用が2万4千トンで7％，アユ用が1万7千トンで5％の順となっている．

　海面養殖魚用飼料はその養殖魚生産量26万トンに対して21万2千トン（その他用飼料を含め）が生産されており，これは養魚用飼料総生産量の65％を占めるが，内水面養殖魚用の飼料がその養殖魚生産量8万5千トンに対して11万3千トンが生産されているのに比べるとまだその普及率は低い．これは海面養殖

業ではいつでも安価で良質の生餌が潤沢に入手できる環境にあったことと，ブリなどの海面養殖魚では魚食選択性が強く，配合飼料に対する嗜好性が悪かったことによる．

表 1·1　最近 6 ヶ年間の養魚用配合飼料生産量の推移（トン）*

（トン）（%）

年度 4 ～ 3 月	1988年	1989年	1990年	1991年	1992年	1993年	比率（1993）
ブ　リ　用	35,034	36,279	47,903	55,538	55,013	57,999	17.8
（粉　末）	34,514	34,022	42,668	45,297	42,451	44,210	（76.2）
（固　形）	520	2,257	5,235	10,241	12,562	13,789	（23.8）
タ　イ　用	62,927	77,050	97,435	125,740	132,459	116,158	35.8
（粉　末）	41,176	53,725	67,371	82,111	87,765	79,386	（68.3）
（固　形）	21,751	23,325	30,064	43,629	44,694	36,772	（31.7）
ギンザケ用	5,234	6,968	8,494	9,757	9,056	8,033	2.5
クルマエビ		5,192	5,812	5,248	4,651	3,925	1.2
海 面 合 計	103,195	125,489	159,644	196,283	201,179	186,115	57.3
マ　ス　用	24,986	26,527	23,253	25,375	23,575	23,527	7.2
コ　イ　用	31,838	31,670	29,989	29,100	27,251	24,752	7.6
ア　ユ　用	21,516	19,647	17,595	19,678	16,153	17,192	5.3
ウ ナ ギ 用	58,222	57,092	55,535	51,920	47,413	41,721	12.9
ティラピア		7,708	7,699	7,214	6,822	5,619	1.7
内水面合計	136,562	142,644	134,071	133,287	121,214	112,811	34.7
そ の 他 計	26,263	13,571	16,552	24,934	28,167	26,036	8.0
合　　　計	266,020	281,704	310,267	354,504	350,560	324,962	100

* 協会外メーカーの生産量は含んでいない　　　　　　　　資料：（社）日本養魚飼料協会

　そこで1992年の主要魚種における配合飼料の普及率を，配合飼料の生餌換算値を 4 倍として概算してみると，内水面養殖魚はほとんどが100％の普及率になっているのに対し，海面養殖魚での普及率はブリが17％，タイが64％，ギンザケが23％となっており，これらを合わせた普及率は僅か35％に過ぎない（表1·2）．このことは，今後生餌が不足してくると，海面養殖魚においてはさらに30～40万トンの配合飼料が必要になることを示しており，これら飼料の安定供給体制の確立が重要な課題となっている．

　2）　養魚用配合飼料の原料情勢：養魚用配合飼料においては種々な原料が用いられているが，飼料安全法においてこれら使用原料は区分別にその原材料名

を表示することが義務付けられている.

1992年のわが国の養魚用飼料における区分別の原料使用量をみると, 小麦粉を主体とする穀類が5万9千トン, 米ぬか油粕を主体とするそうこう類が3万

表 1・2　主要養殖魚における餌・飼料の使用状況 (1992)

魚　　種	収獲量 (トン)*1	投　餌　量　（トン)		配合飼料普及率 (%)*3
		魚貝類(生・冷凍)*1	配合飼料*2	
ブ　リ　類	149,026	1,051,483	55,013	17
タ　イ　類	66,023	301,809	132,459	64
ギ　ン　ザ　ケ	25,519	120,315*4	9,059	23
小　　　計	240,568	1,473,607	196,528	35
ウ　ナ　ギ	36,299	(80)	47,413	100
ニ　ジ　マ　ス	14,480	(169)	23,575	100
コ　　　イ	15,061	(167)	27,251	100
ア　　　ユ	12,794	(15)	16,153	100
ティラピア	4,697	(12)	6,822	100
小　　　計	83,331	(443)	121,214	100
合　　　計	323,899	1,474,050	317,742	46

*1 資料：農林水産省統計情報部「漁業・養殖業生産統計年報」, ( ) 内1991年値
*2 資料：(社)日本養魚飼料協会
*3 配合飼料×4 を生餌換算値として算出
*4 配合飼料使用比率7%とした概算値

トン, 大豆油粕, コーングルテンミールなどの植物油粕類が4万7千トン, 魚粉, 肉骨粉などの動物質性飼料が19万7千トン, その他飼料が2万6千トンとなっている (表1・3). これら原料の区分別の使用割合は, 穀類が16.4%, そうこう類が8.3%, 植物油粕類が13.1%, 動物質性飼料が55.0%, その他飼料が7.2%となっており, これが現在の養魚用配合飼料の平均的な組成といえる. 特にこのうちの魚粉の使用割合は, 52.9%となっており, 現在の養魚飼料は今なお魚粉に大きく依存している.

わが国における魚粉の生産量は, マイワシの減少に伴い1989年の90万1千トンから, 1992年には53万3千トンに減少しており, 輸入への依存度を高めている (表1・4). しかし需要面では, 養魚飼料における消費量はこの間に14万2千トンから18万9千トンに増加しているが, 畜産飼料では65万1千トンから46万2千トンに減少しており, 輸出も抑えられて, 需給関係はまだそれほど窮屈な状態とはなっていない. しかし今後さらに国内の生産量が低下すれば, 当然,

表 1·3　養魚飼料に於ける各種原料使用量（単位トン）

	1988年	1989年	1990年	1991年	1992年	92/88倍	1992 割合 %
メ イ ズ	438	937	985	933	1,251	2.86	0.3
マ イ ロ	3,117	3,471	3,120	3,782	3,857	1.24	1.1
小 麦	609	785	568	803	584	0.96	0.2
大 裸 麦	668	483	560	755	469	0.70	0.1
小 麦 粉	27,129	28,944	32,335	37,993	38,488	1.42	10.8
ラ イ 麦	616	121	78	24	272	0.44	0.1
その他の穀類	11,633	13,442	13,238	14,866	13,719	1.18	3.8
穀 類 合 計	44,210	48,183	50,884	59,156	58,640	1.33	16.4
ふ す ま	3,722	3,954	4,044	4,445	3,544	0.95	1.0
米 ぬ か	1,398	1,653	2,528	2,118	2,017	1.44	0.6
米ぬか油粕	11,703	14,574	17,548	22,275	22,307	1.91	6.2
グルテン フィード	321	403	365	353	386	1.20	0.1
ビート パルプ		4		95	232		0.1
その他の糟糠類	825	952	1,091	1,154	1,313	1.59	0.4
そうこう類合計	17,969	21,540	25,576	30,440	29,799	1.66	8.3
大 豆 油 粕	16,134	18,128	20,976	26,313	29,228	1.81	8.2
グルテン ミール	6,451	7,773	9,881	13,321	13,992	2.17	3.9
ナタネ油粕	130	96	471	1,730	1,892	14.55	0.5
その他の植物油粕	147	790	447	1,915	1,895	12.89	0.5
植物油粕合計	22,862	26,787	31,775	43,279	47,007	2.06	13.1
魚 粉	128,478	142,401	161,822	190,065	189,453	1.47	52.9
Ｓ Ｐ 飼 料	372	974	425	567	700	1.88	0.2
脱 脂 粉 乳	137	166	13	5	8	0.06	0.0
肉 骨 粉	1,528	1,570	2,029	3,097	4,314	2.82	1.2
フェザー ミール	120	167	170	121	75	0.63	0.0
その他の動物性飼料	1,793	2,253	2,767	3,637	2,168	1.21	0.6
動物質性飼料合計	132,437	147,531	167,226	197,492	196,718	1.49	55.0
アルファルファ ミール	1,252	1,546	2,142	2,828	2,834	2.26	0.8
油脂及び油脂吸着飼料	601	901	1,320	2,447	3,132	5.21	0.9
糖蜜及び糖蜜吸着飼料	91	36		15	26	0.29	0.0
飼料添加物	4,831	5,561	6,270	7,374	7,565	1.57	2.1
特 殊 飼 料	4,776	4,620	4,477	5,036	5,247	1.10	1.5
その他の飼料	6,551	6,406	6,579	7,951	6,972	1.06	1.9
その他飼料合計	18,102	19,070	20,788	25,651	25,776	1.42	7.2
合 計	235,580	263,111	296,249	356,018	357,940	1.52	100.0

資料：農林水産省畜産局流通飼料課編「飼料月報　平成 5 年 6 月」

表 1・4　わが国に於ける魚粉の需給状況（千トン）

	1989年	1990年	1991年	1992年	比率%	92/89 倍
供給量						
期首在庫量	121	101	152	309	27.3	2.6
生　産　量	901	863	726	533	47.1	0.6
輸　入　量	217	191	321	290	25.6	1.3
合　　　計	1,239	1,155	1,199	1,132	100.0	0.9
需要量						
国内消費量	934	846	816	765	67.6	0.8
畜産飼料	651	558	522	462	40.8	0.7
養魚飼料	142	162	190	189	16.7	1.3
肥　料	141	126	104	114	10.1	0.8
輸　出　量	204	157	74	35	3.1	0.2
期末在庫量	101	152	309	332	29.3	3.3
合　　　計	1,239	1,155	1,199	1,132	100.0	0.9

資料：「水産庁水産流通課資料」「日本貿易月報」

輸入に頼って行かざる得ないのが現状である.

世界の魚粉の需給状況は，生産量が600〜700万トンの中で安定している（表1・5）. この理由は，これら魚粉の殆どは畜産飼料において消費され，畜産飼料では養魚飼料のように魚粉は必ずしも必須の原料ではなく，大豆油粕など他のタンパク質原料で代替が可能なことによる. すなわち国際市場における，魚粉の価格弾性値は大きく，魚粉の価格はむしろ大豆油粕の価格によって左右されている. わ

表 1・5　世界の魚粉需給状況　（百万トン）

10月〜9月	88/89	89/90	90/91	91/92	92/93
期首在庫量	0.88	1.04	0.78	0.94	1.10
生　産　量	6.99	6.27	6.18	5.95	6.10
輸　入　量	3.61	3.48	3.36	3.40	3.46
輸　出　量	3.67	3.51	3.33	3.28	3.50
消　費　量	6.77	6.50	6.06	5.91	5.87
期末在庫量	1.04	0.78	0.94	1.10	1.31

資料：「Oil World Statistics Update」

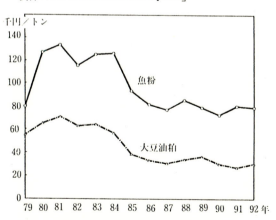

図 1・5　輸入魚粉及び輸入大豆油粕の価格推移（単価）
資料：農林水産省畜産局流通飼料課編「飼料月報　平成5年6月」

が国の輸入魚粉と輸入大豆油粕の価格の推移をみても，これらの価格の間には，タンパク質含量の差に基づく一定の価格差はあるが，よく連動して変動している（図 1・5）．すなわち世界的にみれば，魚粉の総量には今すぐそう大きな不安はないといえる．

表 1・6　主要タンパク質原料使用割合の推移

			1988年	1989年	1990年	1991年	1992年	92/88 倍
魚　　　粉	畜産用飼料使用量	t	642,162	603,022	513,047	477,873	405,747	0.6
	使用割合	%	2.4	2.3	2.0	1.8	1.6	0.7
	養魚用飼料使用量	t	128,487	142,401	161,822	190,065	189,453	1.5
	使用割合	%	54.5	54.1	54.6	53.4	52.9	1.0
肉　骨　粉	畜産用飼料使用量	t	462,274	466,058	463,908	470,525	467,438	1.0
	使用割合	%	1.7	1.8	1.8	1.8	1.9	1.1
	養魚用飼料使用量	t	1,528	1,570	2,029	3,097	4,314	2.8
	使用割合	%	0.6	0.6	0.7	0.9	1.2	1.9
大豆油粕	畜産用飼料使用量	t	2,679,233	2,658,302	2,828,247	2,924,567	2,988,419	1.1
	使用割合	%	10.1	10.1	10.9	11.2	12.1	1.2
	養魚用飼料使用量	t	16,134	18,128	20,976	26,313	29,228	1.8
	使用割合	%	6.8	6.9	7.1	7.4	8.2	1.2
ナタネ油粕	畜産用飼料使用量	t	739,765	808,798	805,238	817,031	832,062	1.1
	使用割合	%	2.8	3.1	3.1	3.1	3.4	1.2
	養魚用飼料使用量	t	130	96	471	1,730	1,892	14.6
	使用割合	%	0.1	0.0	0.2	0.5	0.5	9.6
コーングルテンミール	畜産用飼料使用量	t	229,640	236,184	216,971	240,170	245,388	1.1
	使用割合	%	0.9	0.9	0.8	0.9	1.0	1.1
	養魚用飼料使用量	t	6,451	7,773	9,881	13,321	13,992	2.2
	使用割合	%	2.7	3.0	3.3	3.7	3.9	1.4
動物性タンパク質原料合　　計	畜産用飼料使用量	t	1,104,436	1,069,080	976,955	948,398	873,185	0.8
	使用割合	%	4.2	4.1	3.8	3.6	3.5	0.8
	養魚用飼料使用量	t	130,015	143,971	163,851	193,162	193,767	1.5
	使用割合	%	55.2	54.7	55.3	54.3	54.1	1.0
植物性タンパク質原料合　　計	畜産用飼料使用量	t	3,648,638	3,703,284	3,850,456	3,981,768	4,065,869	1.1
	使用割合	%	13.8	14.1	14.9	15.3	16.4	1.2
	養魚用飼料使用量	t	22,715	25,997	31,328	41,364	45,112	2.0
	使用割合	%	9.6	9.9	10.6	11.6	12.6	1.3

資料：農林水産省畜産局流通飼料課編「飼料月報　平成 5 年 6 月」

　わが国の畜産飼料における魚粉の使用状況をみても，魚粉から大豆油粕やナタネ油粕への移行が行われており，その使用割合は1988年の2.4％から1992年の1.6％に減少しており，この間にその使用量は24万トンも減少している（表1·6）．一方，養魚飼料におけること間の使用量の増加は6万トンに過ぎない．

　今後，わが国の養魚用配合飼料が2倍以上に増加するとしても，魚粉の確保という点では輸入魚粉を使用することによって，品質的な問題はあるとしても，量的にはそれほど大きな不安はないといえる．品質面でも，最近は世界各国ともプラントや品質管理面での技術が進み，高品質の養魚用魚粉が製造されている．

　しかし，養魚飼料の今後の安定供給という点からみると，飼料の半分以上を占める主原料の魚粉を，輸入だけに依存するということは，近年の地球温暖化による世界的漁況の変化や，中国における養殖業の行方などを考え合わすと，とても万全とはいえない．

　したがって今後はコスト低減の点からも，魚粉のみに頼ることなく，原料を多様化し，より安価で潤沢にある魚粉以外のタンパク質原料を有効に利用することが重要な課題となっている．

　現在，飼料原料として用いられている主要なタンパク質原料には，魚粉以外に肉骨粉，大豆油粕，ナタネ油粕，コーングルテンミールなどがあげられるが

表 1·7　主要タンパク質原料の成分組成　　　　　　　　（％）

原　料　名	水　分	粗タンパク質	粗脂肪	可溶無窒素物	粗繊維
魚　　　粉	7.2	65.4	6.1	0.8	0.2
（WHF）	(1.7)	(1.8)	(1.4)	(0.9)	(0.0)
魚　　　粉	7.9	67.4	8.3	0.6	0.2
（65％）	(1.5)	(1.9)	(2.0)	(1.0)	(0.1)
肉　骨　粉	5.7	50.4	10.6	1.0	1.6
	(1.7)	(3.3)	(2.0)	(1.3)	(1.0)
大豆油粕	11.7	46.1	1.3	29.4	5.6
	(0.8)	(1.7)	(0.5)	(1.1)	(0.5)
大豆油粕	9.8	50.7	1.2	28.7	3.3
（脱皮）	(2.1)	(2.0)	(0.5)	(2.0)	(1.0)
ナタネ油粕	12.3	37.1	2.2	32.3	9.7
	(1.4)	(1.0)	(0.6)	(1.8)	(1.1)
コーングルテンミール	10.3	64.1	3.2	19.3	1.0
（60％）	(1.9)	(2.9)	(1.3)	(3.4)	(0.6)

＊（　）内標準偏差
資料：農林水産省農林水産技術会議事務局編「日本標準飼料成分表1987年版」

(表1·7)，なかでも大豆油粕は，現在わが国では約360万トンが流通しており最も潤沢にある安価で良質なタンパク質原料である．したがって大豆油粕を中心にこれら原料を有効に利用する研究が積極的に進められている．現にこれら原料の養魚用配合飼料における使用割合は年々増加してきている（表1·6）．

　3)　**固形飼料への動き**：現在の海面養殖魚用飼料は，生餌との併用を前提とした粉末飼料が主体で，ブリ用ではその76%，タイ用ではその68%（表1·2），ギンザケ用ではそのほとんどが粉末飼料であり，海面養殖魚用飼料全体では約70%を占めている．現在のこの粉末飼料と生餌を混合造粒したモイストペレットは，生餌が潤沢にある環境のもとで，海洋の自家汚染の防止や歩留りの向上，肉質の改善などにそれなりの成果を挙げてきた．

　しかしわが国のように人件費が高く，労働力の高齢化も進んで若手労働力の確保が困難になっている状況では，モイストペレットのような手間のかかるタイプの飼料は次第に受け入れ難くなってきており，加えて生餌の減少という環境の変化の中では，単独使用が可能で，環境への汚染負荷も少なく，品質管理も容易で，機械化にも容易に対応できるような優れた固形飼料の供給が求められている．現にブリでも固形飼料がしだいに使用されるようになってきており（表1·1），今やこのことが最も重要な課題となっている．

　また飼料の固形化は，その加工工程における化学的，物理的作用によってデンプンをアルファ化させたり，摂餌性を向上させるなど，飼料の利用率や性能を向上させるという点においても重要な意味をもっている．

　そこで現在の固形飼料にはどんな製法のものがあり，どんな特性をもっているのか，代表的な3つのタイプについて簡単に触れておきたい．

　その一つはいわゆる通常のペレットと呼ばれているもので，この製造工程は，配合粉砕された原料がコンディショナーで調湿された後，ペレットマシンで形成され，クーラーで冷やされて製品となる（図1·6）．もう一つのタイプは，一般にEP飼料といわれているもので，このラインでは配合粉砕された原料はコンディショナーで調湿された後，エクストルーダーによって成形され，加熱乾燥されて製品となる．このエクストルーダーには，一軸型と二軸型があり，それぞれの特性をもった製品が製造されている．またもう一つの固形飼料は，ごく最近製造されるようになったもので，前述のEP飼料と区別する点か

らEX飼料と呼んでいる．このラインでは配合粉砕された原料はコンディショナーで調湿された後，さらにエキスパンダーといわれるマシンを通って，ペレットマシンで成形され，加熱乾燥されて製品となる．このエキスパンダーはエ

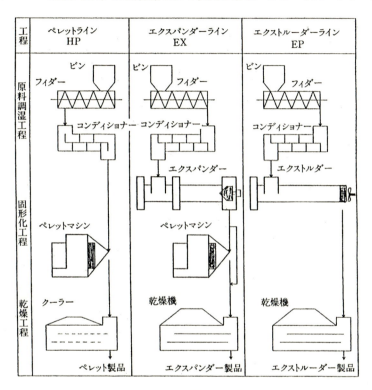

図 1·6　固形飼料の加工工程

クストルーダーと全く同様の混練，剪断，膨化といった機能をもっており，このラインはちょうど通常のペレットラインとエクストルーダーラインを合わせたようなラインとなっている．

　これらのラインの特性を比較すると，ペレットラインは製造能力が最も大きく，乾燥機も不要で，投資コストも少なく，運転コストも安いという利点があるが，一方，油脂を多く含ませた飼料の製造が困難であり，物性面での応用範囲も小さい（表1·8）．EPラインは油脂を多量に含有させたり，種々の物性や食感をもたせた飼料を製造できるが，製造能力がペレットラインに比べ小さ

く，投資費用も高く，運転コストも高いことが難点となっている．一方，EX ラインは，これら2つのラインの特性を生かした中間的なラインとなっている．

これらの飼料の物性をみると，EP および EX ラインの製品はペレットライ

表 1·8　固形飼料の種類と加工工程の特性

種　　類	通常のペレット	エクスパンダー EX ペレット	エクストルーダー EP ペレット
設　　備	コンディショナー ペレットマシン クーラー	コンディショナー エクスパンダー ペレットマシン クーラー／乾燥機	コンディショナー エクストルーダー 乾燥機 （二軸）
能　　力 （モーター）	5〜6トン／時間 (110 KW)	3〜4トン／時間 (130 KW/110 KW)	1〜1.5トン／時間 (110 KW)
含水分範囲	12〜14%	12〜20%	12〜65%
含油量 (max)	8%	15%	20%
温度範囲	70〜90℃	90〜130℃	90〜150℃
圧力範囲		0〜50 bar	0〜150 bar
乾　　燥	不　要	時々必要	常時必要
排出機構	リングダイ	フレキシブルギャップ／リングダイ	固定ダイス
応用範囲	低	中	高
投資費用	低	中	高
運転コスト	低	中	高

ンの製品に比べ嵩比重が小さく，沈降速度も遅く，硬度も小さく，アルファ化度も進んでいる．

　これらの飼料は，魚の生理生態にそれぞれの特性を生かして効果的に使用されているが，今後は，EX タイプのような飼料が固形飼料の主体となろうか．

　現在の養魚用配合飼料における主な課題を以下にまとめた．このように養魚用配合飼料においては，まだ多くの課題を抱えており，今後の一層の研究が期待される．

　今後の課題としては次のようなことが考えられる．

　　1)　飼料の安定供給　　　　　　原料の多様化

　　2)　省力化，機械化への対応　　飼料の固形化

　　3)　環境の保全維持　　　　　　飼料の固形化

　　4)　生産物の品質向上と安全性　輸入養殖水産物増大への対応

　　5)　養殖魚種多様化への対応　　内容，形態，物性の検討

　　6)　その他

2. 海面養殖における新型ドライペレットの開発

坂 本 浩 志*

　養魚用配合飼料は，既存の畜産用飼料工場を利用して製造される場合が多く，製造設備が機械的，構造的に画一的で柔軟性に乏しいため新しいタイプのドライペレット（DP）の開発や品質改良は制約されていたといえる．特に日本の海面養殖では魚の嗜好性や摂餌性を十分に満足できる DP が開発できず，長い年月にわたり生餌主体の給餌が行われてきた．生餌給餌は養殖漁場の自家汚染，魚病の蔓延と投薬，養殖魚の品質低下といった悪循環をもたらし，養殖産業の発展を阻害している大きな要因の一つとなっている．

　近年になって養魚用飼料の製造には従来使われていなかった二軸エクストルーダーを造粒機として用いた，いわゆるソフトドライペレット（SDP）が開発され[1]，ブリが DP を摂餌しないのはその生理特性にあるのではなく，ペレットの物性（食感）と味にあることが見いだされた．この SDP の開発は，日本の海面養殖を DP 養殖へ転換する道を大きく切り開くものであった．

§1. DP の利点および開発，普及の阻害因子

　日本の海水魚養殖を支えてきたマイワシの漁獲量は近年急激に減り始め，生餌主体の海面養殖は大きな転換期を迎えている．生餌資源の減少は DP 化を促進すると考えられるが，DP は生餌の代替品でしかないものなのであろうか．

1・1 DPの利点　

世界の魚類養殖地に目を向けてみると生餌資源の豊かな北欧は DP 養殖の先進国であり，世界有数の魚粉輸出国であるチリにおいても DP による養殖が行われている．このことは，必ずしも生餌資源量と DP 化の相関性がないことを示している．では DP 化にはどのようなメリットがあるのだろうか．

　使用する原材料の種類や割合を変えることで DP のもつ栄養価を自由にコントロールし，栄養バランスに優れた飼料を製造できる．製品は水分10％以下の

---

* 坂本飼料株式会社

乾燥飼料のため品質の安定性に優れ，常温保存ができる．魚種，魚体重に応じたペレットサイズを選択できる．また調餌作業を行うことなく開封後そのまま給餌できるなど作業性に優れる．自動給餌システムの導入がしやすく大幅な省力化が図られる．生餌やモイストペレット（MP）に比較して飼餌料の海水中への散逸が少ないだけでなく，消化吸収率の優れた原材料を使用し，カロリーとタンパク質のバランス（C/P 比）を適正にすることで窒素排泄による養殖漁場の自家汚染を軽減できる[2]．その結果，魚病の蔓延を抑え，生残率の向上に貢献する．使用する原材料やその配合割合を変え，カロリーバランスを適正にすることで栄養価を自由にコントロールして，魚の味，香り，脂の乗り具合など，消費者の要望に応じた肉質に仕上げることができる．DP の品質改良は，ハード，ソフトの両面から絶えず続けられ，より高品質なものが生産されていく．加えて量産化により低価格化が可能になる．このように，DP 化は養殖産業の近代化と経営の安定化に大きく貢献する．

1·2 DP の開発，普及の阻害因子　養殖業者にこれほど多くのメリットをもたらす DP 養殖が日本で普及していないのはなぜだろうか．養殖業者側から考えてみると，まず潤沢で低価格な生餌に恵まれている．生餌産地から消費地へ低コストで運ぶ流通経路が確立されている．ほしいときにほしいだけ生餌を供給できる冷蔵庫が各地区に完備されている．飼餌料の切り替えや低水温時における摂餌性の低下，DP の魚に対する生理的影響への不安，魚の生産コストに対する経済性への不安がある．多額の投資をした既存の設備が足かせになり，DP 化へ踏み切れない場合も多い．DP を用いた場合の投薬では，MP のような販売業者への製造委託ができないため，投薬時の調餌作業が避けられず，作業上大きな負担となる．環境保護が社会的問題となり，河川，湖沼に対する水質規制は年々厳しくなっているのに対して海は社会的規制をほとんど受けていない．等々が DP が普及されにくい理由としてあげられる．

また飼餌料供給側から DP の開発および普及の阻害因子を考えてみる．現在，既に大きな市場をかかえている MP 用粉末配合飼料は既存の飼料工場を流用して量産化が容易に図れるなど製造する側にとって効率のよい商品である．養殖業界から DP の要望，需要があまりなく開発の意欲に欠けていた．配合飼料の販売を生餌販売会社が行っている場合が多く，生餌と競合する DP の積極

的な販売協力が望めない．粗タンパク質含有率の高い飼料ほど栄養価が高いと認識され，さらに飼料の栄養価を高める研究が不足していた．製造設備は既存の設備を流用している場合が多く，高性能な DP の開発，製造には不十分であった．そして飼料業界が多額の設備投資ができる環境になかった．

こうした背景が，世界の養殖先進国の中で日本の海面養殖における DP 化が進んでいない理由であると考えられる．

1・3 従来型 DP 従来の市販 DP は，造粒機の造粒許容範囲内での組成に基づいた成形しやすい高タンパク型が主流であった（表 2・1）[3]．飼料は粗タンパク質が高く，魚粉含有量が多いものほど栄養価が高いとされ，脂肪の栄養価があまり考慮されていなかった．

そのため生餌や MP に対して DP は栄養的に劣ると考えられ，生餌の流通

表 2・1 市販のマダイ用ペレット及びハマチ用多孔質ペレットの組成[3]
（マダイ用・6社 10品目，ハマチ用・2社 2品目）

一般成分	表 示 成 分 量（%）			
	マ ダ イ 用	ハ マ チ 用		
粗タンパク質	40 ～51 以上	(A) 52	(B) 53	以上
粗 脂 肪	3 ～ 4 以上	3	10	以上
粗 繊 維	2 ～ 4 以下	1	0.1以下	
粗 灰 分	15 ～17 以下	18	15	以下
カルシウム	1.8～ 2.8以上	2.0	3.3以上	
リ ン	1.2～ 1.8以上	1.3	1.3以上	

原材量	配 合 割 合（%）		原 材 料 名	
	マダイ用[*2]	ハマチ用[*1]	マダイ用	ハマチ用
動 物 質	48 ～68	(A) (B) 78 , 70	魚粉，肉骨粉（オキアミ粉末）（フィッシュソリュブル）（肉粉，チキンミール）	魚粉，ゼラチン フィッシュソリュブル フェザーミール（肉粉）
植 物 油 粕	5 ～10(17)	15 , 10	大豆油粕，コーングルテンミール	
穀 類	20(7)～35		小麦粉，パン屑，グレインソルガム，末粉（バレイショデンプン，きな粉）（小麦）	バレイショデンプン（小麦粉）
そうこう類	0 ～10(20)	2 , 0	米ぬか油粕，米ぬか，ふすま，グルテンフィード	米ぬか（白酒ぬか）
そ の 他	3 ～ 5(8)	5 , 20		

*2 マダイ用 ：飼料用酵母，脱脂小麦胚芽，リン酸カルシウム，炭酸カルシウム，食塩，CMC（動物性油脂，活性グルテン）
*1 ハマチ用(A)：飼料用酵母（脱脂小麦胚芽）
 〃 (B)：活性グルテン，魚油，CMC，胆汁酸，リン酸カルシウム，塩酸コバルト

経費が極端に高い離島で，あるいは生餌や MP の補助的な目的で 使用 される場合が多かった．

§2.　ハマチ用 SDP の開発

近年になり今まで養魚用飼料の製造には使われていなかった二軸エクストルーダーを新型造粒機として用いた，いわゆる SDP が開発され， ブリが DP を摂餌しないのはその生理特性にあるのではなく，ペレットの物性（食感）と味にあることが見いだされた[1]．

2・1　新型造粒機の特徴　二軸エクストルーダーの概要を 図 2・1 に示した．この機械の特徴は原材料の移送，粉砕，混合，混練，せん断，圧縮，加熱，膨化，成形などの各工程を短時間で連続的に処理することができることである． 従来の多孔質型

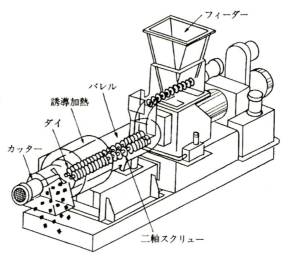

図 2・1　二軸エクストルーダーの概要 （クレストラル社製：三菱化工機株式会社カタログより）

ペレットの製造に使用されていた一軸エクストルーダーでは製造時における原材料の許容水分が10〜30％，許容油分が 0 〜 5 ％であるのに対して二軸型ではそれぞれ10〜80％， 0 〜20％と後者の方が各種原材料への適応 性 が 高 い （表 2・2）． すなわち原材料の選択範囲が限られる一軸型に対して，二軸エクストルーダーは魚に適した原材料の配合を容易にする．

二軸エクストルーダーでは水，スチーム，油脂の添加量と添加位置，スクリュー構成，スクリューの回転数，各バレルの加熱温度，ダイの構造などの条件を変えることで，製品出口温度，製品出口圧力，モータートルクが変わり製品

表 2·2 一軸と二軸エクストルーダーの主な相異点*

	一　　軸	二　　軸
物　質　移　動	摩擦（原料・装置間）搬送能力が低い	かき出し（スクリュー間）搬送能力高い
原料粘度への依存度	高　い	低　い
混　練　性	弱　い	強　い
逆流の発生度合い	高　い	弱　い
製　造　能　力	原料水分，油分，圧力などに左右される	ある範囲で自由左右されない
原料の許容水分	10～30%（前処理工程で添加）	10～80%（直接添加が可能）
原料の許容油分	0～5%（前処理工程で添加）	0～20%（直接添加が可能）

＊ ビューラー株式会社：二軸エクストルーダーパンフレット

の形状，吸水性，膨化度，沈降性，硬度などに影響を与え[4]，魚に適した物性，食感を調節することが可能になる.

　この造粒機の導入により，粗脂肪含有量のかなり高い原材料や穀類の割合を8～15%程度に低く抑えた配合でも成形が可能となり，いろいろな物性の DP が安定的に製造できるようになった．SDP の製造工程を図 2·2 に示したが，3 カ所で油脂添加が可能で，粗タンパク質45～47%，粗脂肪25～30% といっ

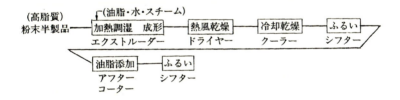

図 2·2　ソフトドライペレットの製造工程

表 2·3　ハマチ用ソフトドライペレットの表示成分量および組成

一般成分	成分量(%)	原材料	配合割合(%)	原材料名
粗タンパク質	41 以上	動物質性飼料	55～65	魚粉（オキアミ粉末）
粗　脂　肪	22 以上	穀　類	10～15	小麦粉，バレイショデンプン
粗　繊　維	3 以下	植物性油粕類	5～10	大豆油粕（コーングルテンミール）
粗　灰　分	16 以下	その他	15～30	動物性油脂，飼料用酵母，コブミール，リン酸カルシウム，（小麦グルテン）（植物性油脂）
カルシウム	1.7以上			
リ　　ン	1.4以上			

たさらに高カロリーペレットが現実のものとなった．現在，市販されている新型 SDP の表示成分量および組成の一例を 表2·3 に示した．ごく一般的な原材料が使用されていることがわかる．

2·2　SDP による飼育成績

図2·3はブリ1年魚を平成5年7月14日より11月6日まで飼育した時の成長曲線である．長崎県松浦地区では採捕したブリ稚魚を餌付けから8月のお盆前まで SDP を，その後，粉末配合飼料と生餌を約2：8で配合した船上 MP を給餌する飼育方法が比較的多い．このことからこれを対照区とした MP 区を設けた．化繊網いけす (10×10×8m) に SDP-A 区16,600尾，SDP-B 区 13,400尾，MP 区には13,400尾を収容した．生残率はそれぞれ94，92，91％と大差はなかった．増肉係数（乾物換算）はそれぞれ 1.37，1.26，1.49と SDP 区で優れていた．

鹿児島県において平成5年6月1日に化繊網いけす (8×8×8m) に 21g のブリ稚魚を8,570尾導入

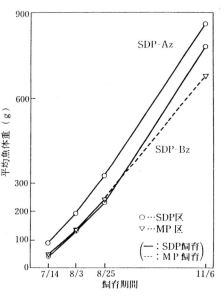

図 2·3　ソフトドライペレットによるブリ1年魚の成長曲線（長崎県松浦市）

し SDP を給餌した例では，平成6年1月23日に 1,590g に成長し，生残率は80％，増肉係数は1.32と当地において生餌，MP に劣らない成績を示した．

SDP は品質の安定性，保存性，作業性といった面からの有意性のみ ならず嗜好性，栄養価，生残率などの観点からも評価されており，1年魚を中心に普及しつつある．最近，渡辺ら[5]は市販の SDP でブリを飼育したところ，平成4年8月4日に170gであったものが同年12月には 1kg に，翌年の最終取り揚げ時の12月には 4.7kg に成長したと報告している（図2·4）．この時の増肉係数は1.75であった．このような優れた飼育成績が裏付けるようにいくつかの地

域では 出荷まで SDP のみで飼育する養殖業者が現われている. SDPで育ったブリは図 2·5 のように 丸みを帯び, 生臭さが少なく, 肉質もよいことからフィレー加工にも適しており, 今後の鮮魚流通を見越した魚として期待される.

§3.　マダイ用 DP の開発

ブリの SDP 開発過程で得た技術を応用し, マダイでも DP の開発が進んでいる. マダイはブリと異なり普通の固形ペレットをよく摂餌し, 炭水化物の α 化率が50% 前後で最大の成長を示す[6] ことから, スチームペレットでの α 化率の改良を進めるとともに油脂の効果的添加方法についても検討が加えられている.

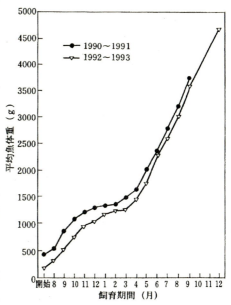

図 2·4　ソフトドライペレットによるブリの成長 曲線[5]

3·1　炭水化物の α 化率の改良　マダイでは炭水化物を α 化することにより, その利用性が改善され, 成長や飼料効率が向上するなど, α 化率が飼料の栄養価や日間摂餌率などに大きな影響を及ぼしていることが明らかになった[6]. マダイにおける飼料中のでんぷんの α 化率と増重率および飼料効率の関係を図 2·6 に示した. α 化率の上昇に伴い, 飼料の栄養価が改善されたが, その効果は50%前後でほぼプラトーに達している.

高性能 DP の製造工程を図 2·7 に示した. DP は粉末半製品をペレットミルのコンディショナーでスチームにより加熱調湿し, 成形部で造粒される. この時, コンディショナー内でスチーム量を増やし粉末半製品の滞留時間を長くすることで炭水化物の α 化率が改善できるようになっている.

3·2　油脂の効率的添加　α 化率を向上させることでペレットの粉化を抑制し, ペレット化を困難にする油脂を半製品へ添加し成形することが可能にな

図 2·5　SDP で成育したブリ
魚体重　上，4.8kg；下，4.5～5.0kg（愛媛県北宇和郡，1994年3月26日）

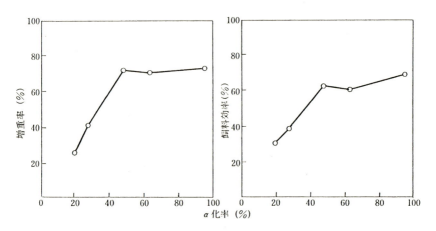

図 2·6　マダイにおける飼料中でんぷんの α 化率と増重率および飼料効率[8]
飼料組成　粗タンパク約51%　粗脂肪約10%　でんぷん含有量約19%

る．さらに保水力の高い原材料を用い，成形後油脂をアフターコートすること
で粗タンパク質45〜48％，粗脂肪15〜18％と従来栄養価が高いとされてきた高
タンパク質DPより約15％以上も総エネルギー含有量を高めることができるよ
うになった．

最近の竹内ら[7]の研究ではDPを用いた場合のマダイ稚魚におけるタンパク
質および脂質の適正含有率は，それぞれ45〜50％および10〜20％で，これらの
値とよく適合している．

現在，市販されている新型マダイ用DPの表示成分量および組成の一例を表
2・4に示した．最近ではペレットミルの前工程にある図2・7の点線で囲まれた

表2・4 マダイ用新型ドライペレットの表示成分量および組成

一般成分	成分量(％)	原材料	配合割合(％)	原材料名
粗タンパク質	45 以上	動物質性飼料	50〜60	魚粉（オキアミ粉末）
粗　脂　肪	13 以上	穀　類	20〜25	小麦粉（アルファーでんぷん）
粗　繊　維	3 以下	植物性油粕類	10〜15	大豆油粕（コーングルテンミール）
粗　灰　分	15 以下	その他	8〜12	動物性油脂，リン酸カルシウム，コブミール（植物性油脂）（飼料用酵母）
カルシウム	1.7以上			
リ　　ン	1.7以上			

部分に，粉末半製品の加熱，調湿，混合を同時に行う機能をもつ，いわゆるエ
クスパンダーを設置し，炭水化物の効率的α化と油脂の添加を同時に行う方法
もとられている．またエクストルーダーを用いたマダイ用エクストルージョン
ペレット（EP）も一部市販されている．

3・3 新型マダイ用DPによる飼育成績
このように飼料中の炭水化物の
α化率を改善し，カロリー含有量を高めたDPは，摂餌性に優れ，図2・8[8]に示

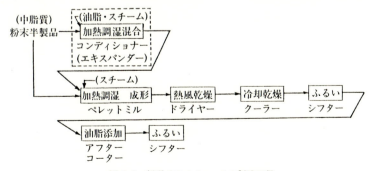

図2・7 新型ドライペレットの製造工程

されるように優れた成長をしている．また新型 DP 養殖に取り組んでいる養殖業者の飼育成績を表2・5に示した．この時の1年魚，2年魚および3年魚の増肉係数（湿重量）はそれぞれ1.30, 1.57および2.14であった．これらの値は生餌，MP飼育の稚魚期から出荷までの一般的な値[9]，そして和歌山地区の平均的増肉係数（湿重量）でもある10および4〜4.5と比べて優れている．

マダイはブリに比較し，その緩慢な摂餌特性から DP 給餌に自動給餌機を利用している場合が多い．そのため給餌機の性能と個人の飼育管理能力により飼育成績に

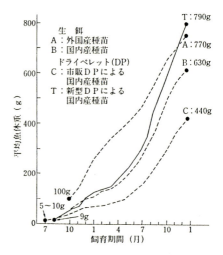

図 2・8　ドライペレットおよび生餌による
マダイの飼育例[8]

大きな差が生じやすく，不完全な自動給餌機に頼った DP 飼育は手まき給餌主体の MP 飼育に劣ったとの報告もある．

§4.　今後の日本における養殖産業と DP 開発の流れ

日本の海面養殖は，食品の安全性および環境問題への社会的意識の高まりと

表 2・5　マダイ用新型ドライペレットによる飼育成績*

	5/25 8	7/20 501	7/20 1,404
開始時 平均魚体重　（g）	5/25 8	7/20 501	7/20 1,404
終了時 平均魚体重　（g）	2/ 5 305	12/ 5 1,010	12/ 5 2,003
尾　　数	18,000	18,000	13,500
総増重量　　（kg）	5,346	9,162	8,087
給 餌 量　　（kg）	6,950	14,430	17,280
増肉係数	1.30	1.57	2.14

* 和歌山県　化繊網いけす（12×12×8m）

ともに，大きな転換期に立たされているといえる．生餌やMPと異なりDPは飼料安全法により，その栄養成分のみならず使用されている原材料名およびその配合割合を表示する義務があり，使用できる飼料添加物の種類と量も厳しく制限されている．このことからDP飼育の養殖魚は安全性が高いともいえる．

薬剤投与についていえば，北欧では既に魚類についても一般化している薬剤入りDPの製造が日本でも同様に許可されれば，薬剤はより効果的に利用され，現在の生餌やMPに混合させる方法に比べ，海水中に散逸する量は大幅に減少し，薬剤による海水汚染や耐性菌の出現が抑えられる可能性もある．ワクチンの開発と併せれば，魚の無農薬化，つまり無投薬魚や減投薬魚の生産が可能になるのではないか．内湾養殖が抱える諸問題を徐々に解決し，環境保全を第一に考え，事業的にも永続性をもち，安定的発展をめざす環境保全型養殖の確立が今後ますます求められていくことであろう．そのためにはDP開発の果たす役割は大きく，成長，経済性，作業性，汚染軽減という面から，最小の飼料で最大の生産をあげることができる，言い換えればDP一粒の栄養価を最大限にあげる研究開発がハード，ソフトの両面から進められるべきであろう．そのためには，固定観念から脱却した新しい造粒方法や製造工程の開発が必要であり，原材料においても，利用性の改善，例えば消化吸収率が高く品質が安定した魚粉の製造や少量でペレットの成形を可能にするスターチ，グルテン類の改良も求められる．

DPをより有効に利用し広く普及させるためには，このような高性能なDPの開発と併せ，その性能と特性を最大限に引き出す自動給餌システムの開発が急務の課題として挙げられる．さらに安全性の高い薬剤入りDPの製造許可といった法改正，ワクチンの開発および養殖業者への啓蒙，指導が不可欠である．養殖業界にとって飼料のドライ化がもたらす利点は計り知れない．DP化には，何よりも飼料製造会社がよりよいDPをより安価に提供し，その努力を怠らないことが最も重要であると考えられる．

文　献

1) T. Watanabe, H. Sakamoto, M Abiru, and J. Yamashita: *Nippon* *Suisan Gakkaishi*, **57**, 891–897 (1991).

2) 竹内俊郎：養殖, **6**, 64–68 (1989).

3) 竹田正彦：海産魚の栄養と飼料. 昭和60年度全かん水シンポジウムテキスト (1985).

4) 食品産業エクストルージョンクッキング技術研究組合編：エクストルージョンクッキング. 光琳, 1987, pp. 89-105.

5) 渡邉　武：水産庁魚類養殖対策調査事業報告書. 養魚用飼料多様化試験報告書. (1994)

6) 鄭　寛植・竹内俊郎・渡邉　武：日水誌, **57**, 1543-1549 (1991).

7) T. Takeuchi, Y. Shiina, and T. Watanabe: *Nippon Suisan Gakkaishi*, **57**, 293-299 (1991).

8) 渡邉　武：養殖, **8**, 73-75 (1992).

9) 山口正男：タイ養殖の基礎と実際. 恒星社厚生閣, 1978, pp. 295-319.

3. 養魚飼料用代替タンパク質の栄養価

秋 山 敏 男*

§1. 代替原料としての条件

代替タンパク原料の条件として以下のような点があげられる．すなわち，(1)安価で大量に入手可能，(2)品質が一定している，(3)魚類や人間にとって安全，(4)一定量以上のタンパク質を含む，(5)必須アミノ酸バランスが養殖魚種の要求に近い，(6)含有タンパク質の消化吸収がよい，(7)生理阻害物質を含まないなどである．このうち直接タンパク質に関わる条件は(4)〜(6)である．これらの条件を最もよく満足しているものが，わが国の養魚用飼料の配合組成の半分以上を占める魚粉である．つまり魚粉以外の原料は，これらの条件のいくつかあるいは全てが魚粉よりも劣ることを意味している．すなわち代替原料問題のポイントは候補となる新素材の欠点を明らかにし，どのようにしてそれを補うかにある．

飼料安全法の公定規格では，淡水性の養殖対象魚（コイ，アユ，ニジマス，ウナギ）用配合飼料の粗タンパク量は37〜50%以上を最小量と規定している[1]．また一般的に海産魚のタンパク要求量はほぼ飼料中の50%を超えている．これらのことから判断して，タンパク原料のタンパク含有率は50%程度以上あることが望ましい．

現在，輸入されている飼料原料の輸入量と粗タンパク含有率を表3·1に示す．輸入量の多い原料はタンパク含有率の比較的高いものが多く，これ

表 3·1　主要な飼料原料の日本への輸入量（1992年）[1]

原 料 名	輸入量 （万トン）	粗タンパク質 （%）
動物性原料		
魚　　　　粉	31.0	54〜65
フェザーミール	0.5	80〜
肉　骨　粉	21.5	47〜52
骨　　　　粉	3.8	10〜13
脱　脂　粉　乳	6.1	34〜39
ホエイパウダー	1.9	8〜19
植物性原料		
大　豆　油　粕	93.9	44〜53
ナタネ油粕	22.8	36〜39

* 水産庁養殖研究所

らは前述の50%の基準をほぼ満たしている．特に大豆油粕の輸入量 が 最 も 多い．大豆の国内需要は約450万トンあり，内350万トンは搾油用に使用されている[2]．最終的には国内でも300万トンの油粕が生産され，飼料に振り向けられる．大豆油粕はその莫大な生産量と高いタンパク含有率から最も有望な飼料資源といえる．

§2. 代替原料の問題点とその改善

上記の条件の(1)〜(3)は，飼料原料としての基本的な事項である．これらの条件を満たしているのは，大豆油粕をはじめとする植物性原料であり，大半は人間の食品を製造した残渣である．しかしながら，元来これら植物性の素材は，(4)〜(7)の条件を十分には満たしていないため，養魚飼料用原料として使用するには何らかの改善処置が必要となる．

2·1 タンパク含有率
植物性素材はタンパク含有率がいずれも40%未満と低いため，タンパク要求の高い魚類の飼料用原料とするには，素材中のタンパク質を濃縮する必要がある．残念ながら，飼料関連メーカーが独自に飼料原料製造を主目的とした濃縮工程を設置することはコスト面からみて不可能なため，他工業の生産工程で副次的に生産された産物を利用せざるを得ないのが現状である．表3·2に示すように飼料原料に転用可能な副産物の由来は農産物加工工業残渣と発酵工業副産物に大別される[3]．前者は主として搾油残渣やでんぷん抽出残渣である．主産物の油分やでんぷんが除去された分，タンパク質の比率が高くなっている．後者はビール酵母のように発酵時に増殖した発酵菌体

表 3·2 ニジマス全卵タンパク質を基準にした場合の各種飼料原料の必須アミノ酸評価

飼料原料	豊富なアミノ酸	第一制限アミノ酸	ケミカルスコア	EAAI
沿 岸 魚 粉	ヒスチジン	ロイシン	79	92
肉 骨 粉	—	イソロイシン	59	67
大 豆 油 粕	トリプトファン	含硫アミノ酸	70	86
ナ タ ネ 油 粕	トリプトファン	含硫アミノ酸	68	84
綿 実 油 粕	アルギニン	リジン	53	81
コーングルテン	ロイシン	リジン	31	78
乾 燥 酒 粕	トリプトファン	リジン	42	86
M P F	含硫アミノ酸	リジン	45	87
ビ ー ル 酵 母	トリプトファン	含硫アミノ酸	72	89

そのものを利用する場合，ビール粕のような醸造用原料の残渣を利用する場合，および酒粕のような原料残渣と発酵菌体の混合物を利用する場合に分けることができる．

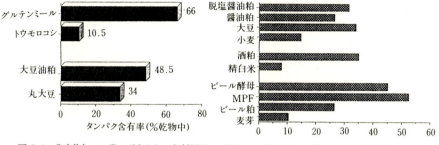

図 3・1 農産物加工工業で副生された飼料原料と種子作物のタンパク含有率の比較

図 3・2 発酵工業で副生された飼料用原料と発酵原料のタンパク含有率の比較

　元の素材（種子）と濃縮後の飼料原料のタンパク含有率の例を図 3・1 及び 3・2 に示す．図 3・1 では農産物加工工業残渣の大豆油粕とコーングルテンミールが例示されている．グルテンミールのタンパク質は，トウモロコシのそれの 6 倍に効率よく濃縮されている．大豆も搾油後ほぼ50％ラインに達している．両方とも魚粉を補足する原料として，すでに養魚用飼料に配合されている．一方，発酵工業残渣（図 3・2）では 3 種類の素材を例示する．発酵工業では主産品に移行する物質によって残渣の利用性が決定される．例えば醤油醸造のようにタンパク質が分解され醤油に移行するケースでは，残渣のタンパク含量は増加しないが，ビールや清酒醸造のようなアルコール発酵ではでんぷんの利用が主体であり，最終的にはアルコールとなり主産品に移行するため残渣のタンパク含有率を高めることができる[3,4]．

　現在，我々が魚粉代替飼料研究に主として使用しているビール粕精製粉末麦芽タンパク質（Malt protein flour : MPF）[5,6,7]の製造工程について図 3・3 に示す．二条大麦の麦芽を糖化した後，麦汁を搾った残渣がビール粕である．これは発酵工程で副生されるビール酵母と混同されることが多いが，全く異なる物質である．ビール粕は殻皮と糖化残渣からなる．麦芽の約10％のタンパク含有率は，ビール粕では20数％にまで増加しているが，養魚飼料用タンパク原料として使用するにはまだ低過ぎる．一方，麦芽の殻皮の裏にはアリューロン層というタンパク質に富む層があり，ビール粕の殻皮部分を分離装置で除去して

物理的にアリューロン層部分を濃縮したものが MPF である。この新素材にはタンパク質が50％以上含まれている。また発芽種子である麦芽に由来する物

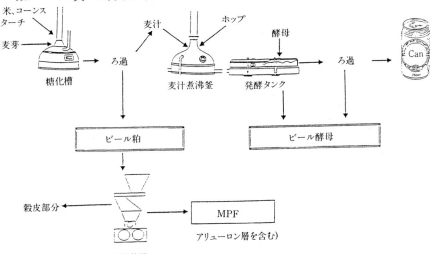

図 3·3　ビール及び MPF 製造工程の概略図（6）から引用，一部修正)

質なので，休眠種子由来の他の植物性原料と比較して，腸管からのミネラル吸収の阻害作用のあるフィチン酸の含量が低いという特徴もある。ニジマス稚魚の給餌試験では，魚粉タンパク質の40％以上を MPF タンパク質で代替できた[8]．

2·2　必須アミノ酸　魚類では，成長にとって必須な10種のアミノ酸が報告されている[9]．表 3·2 に示すように，アミノ酸の組成には飼料原料ごとにそれぞれ特徴がある。ニジマス全卵タンパク質のアミノ酸組成を基準にした場合の第一制限アミノ酸をみると，大豆やナタネ油粕類およびビール酵母では含硫アミノ酸が不足し，綿実油粕や穀類由来のグルテンミール，MPF そして酒粕ではリジンが不足している。養魚飼料に最も高い比率で配合されている魚粉もロイシンが不足し，ケミカルスコアは79である。植物性原料のスコアはいずれも魚粉より低い。大豆油粕，酒粕，MPF およびビール酵母などの必須アミノ酸指数（EAAI）は決して低くはないが，沿岸魚粉には及ばない。このように植物性原料の必須アミノ酸バランスは，いずれの評価法でも魚粉に比較して劣っており，改善のための何らかの処置が必要である。現在，以下のような方法

が考慮されている.

　1)　結晶アミノ酸添加：最もシンプルな方法は，家畜用飼料で行われている
ように結晶アミノ酸を添加する方法である[10]. 図3・4のようにコイ稚魚では,

肉粉，コーングルテンミールおよ
び大豆油粕の組み合わせに，コイ
の必須アミノ酸要求に基づいてメ
チオニン，リジンなどの結晶アミ
ノ酸を添加した試験区では成長が
改善されている[11]. 一方，結晶ア
ミノ酸は飼料から水中に溶出しや
すいという欠点が指摘されてい
る．また結晶アミノ酸の腸管での
吸収速度はタンパク質に比較して
早く，個々のアミノ酸によっても

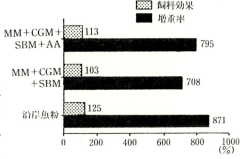

図 3・4　コイ稚魚給餌試験における代替飼料への
　　　結晶アミノ酸添加効果[11]
　　　（MM：肉粉，CGM：コーングルテンミ
　　　ール，SMB：大豆油粕，AA：結晶アミ
　　　ノ酸）

その態様はかなり異なっているため[12]，魚体のタンパク合成に効率よく利用さ
れないといわれている．対策としてアミノ酸をカゼインなどでコーティング
し，吸収速度を遅延させることでアミノ酸の利用性を向上させる試みも行われ
ている[12,13]. しかしいずれにしても結晶アミノ酸の使用には，利用効率および
経済面での問題が残る.

　2)　飼料原料の組み合せ：前述したように，各原料の必須アミノ酸組成を見
ると豊富に含まれるもの，あるいは欠乏しているものがある．各原料の特徴を
うまく活かして組み合わせれば，それぞれの欠点を補うことが可能である．一
般的に植物性タンパク質の必須アミノ酸の中で魚類にとって不足しがちなアミ
ノ酸は，リジン，含硫アミノ酸などである．豆類の特徴は比較的リジンが豊富
だが含硫アミノ酸が不足していることである．一方，穀類はリジンが少なく含
硫アミノ酸に富んでいる．人の場合，両者の理想的な組み合わせは1：2とい
われており，世界各地の伝統食はまさにその比率になっている．我々の研究で
は魚粉タンパク質の60％を大豆油粕と大麦由来のタンパク質を含有する MPF
で代替した飼料をニジマス稚魚に給与したところ，これらの植物性タンパク質
を1：1の比率で配合した組み合せで，それぞれの単独使用に比較して高い成

長が認められた*. またこの比率
の試験区のタンパク蓄積率は魚粉
タンパク100％の対照区とほぼ同
レベルであった. さらにその他多
くの飼料原料を複雑に組み合せた
研究も行われている[11,14]. 目下,
このような方法が, 代替タンパク
原料の最も実用的で安価な利用方
法と考えられる.

　3) **品種改良**：作物自体の品種
改良による含有タンパク質のアミ
ノ酸バランスの改善も行われてい
る. トウモロコシでは, 突然変異
種の中から第一制限アミノ酸であ
るリジンを高率で含有するものが
見つかり, ハイリジン・コーンと
呼ばれている[15].

　2・3 タンパク消化率　　一般
的に植物性原料のタンパク消化率
は魚粉と比較して低
い. その主要な原因
の一つとして原料中
の生理阻害物質の存
在があげられる[15].
表3・3に示すよう
に, 直接的にはタン
パク分解酵素である
トリプシンの阻害物
質やレクチンによる

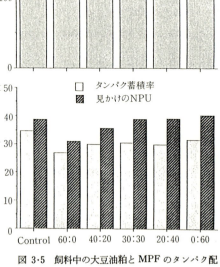

図 3・5　飼料中の大豆油粕と MPF のタンパク配
　　　合比率がニジマス稚魚の成長, タンパク
　　　蓄積率及び見かけの NPU に及ぼす影響
　　　（大豆油粕タンパク質：MPF タンパク質）

表 3・3　油粕類の生理阻害物質と動物への作用[8,15]

原料名	阻害物質名	作　用
大豆油粕	トリプシンインヒビター	消化酵素失活
	サポニン	甲状腺機能障害
		溶血作用
	イソフラボン誘導体	甲状腺機能障害
	レクチン	消化率低下
	フィチン酸	ミネラル吸収阻害
	アレルゲン	アレルギー
	ポリフェノール誘導体	摂餌阻害
ナタネ油粕	ゴイトリン	甲状腺機能障害
	エルシン酸	心臓障害

* 図3・5は平成5年度日本水産学会春季大会講要旨集　p. 54より

消化率低下が報告されている．これらのタンパク利用性低下をはじめとする種々の生理的障害の改善のためには，植物性原料の(1)加熱処理，(2)アルコール抽出処理，(3)種子殻の除去処理，および(4)作物の品種改良などが考慮 されている．トリプシン阻害物質やレクチン，アレルゲンのようなタンパク質からなる物質は加熱変性により失活するが，加熱条件によっては褐変反応が生じ，かえって成長や消化率に悪影響が生じることがある．加熱方法や加熱時間は原料製造メーカーにとっての重要なノウハウとなっている．示野らはハマチを使用して大豆油粕の加熱時間と増重率や飼料タンパク消化率との関係を調べている[16]．加熱処理によるトリプシン阻害物質活性の減少に反比例して成長の改善や消化率の向上が認められている（図3·6）．

また示野らは大豆油粕をカツオブシ麹菌で発酵させることで，ブリ稚魚による大豆油粕のタンパク

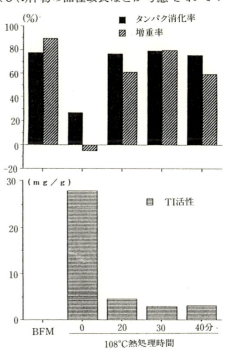

図 3·6　熱処理時間の差による大豆油粕中のトリプシン阻害物質活性とハマチの成長及びタンパク消化率の関係[16]
（BGM：沿岸魚粉，TI：トリプシン阻害物質

消化率を向上させた[17]．一方，近年，エクストルーダー処理により植物性原料の栄養価向上が試みられ，海産魚の成長改善が報告されているが，タンパク消化率に関しては顕著な改善は認められていない．

2·4　その他　植物性原料の使用に際しては，サポニンやフィチン酸などの影響による成長低下も問題となっている．前述の(2)，(3)，(4)の手段によって魚の成長や飼料効率の改善効果が見込まれる．アルコール抽出処理ではイソフラボン誘導体やサポニン誘導体が除去されるといわれている[18]．大豆油粕を50%前後配合した飼料で養成されたニジマス稚魚の成長は，メタノール処理区で

有意に高い[19].

　現時点では，供給量，価格の面から魚粉タンパク質を代替できるものは植物性タンパク質のみである．しかし植物性原料はタンパク質の含有率，アミノ酸バランス，消化性において問題があり，改善のための処置が施されねばならない．幸いにも農産物加工工業や発酵工業では結果的にタンパク質が濃縮された副産物が得られ，養魚用飼料原料に利用可能である．植物性原料の利用に際しては，供給能力やタンパク栄養価の最も高い大豆油粕を中心に，その必須アミノ酸バランスの欠点を補う形でその他の代替原料を配合し，実用化を図るのが望ましい．そのためには穀類由来の原料が有効と思われる．穀類から生まれたMPF や酒粕は養魚用飼料原料としては比較的新しい素材であるが，更なる改善や対象魚種の適切な選択がなされれば，有用な原料となり得る．

文　献

1) 農林水産省流通飼料課：飼料便覧，(財)農林統計協会，442pp.
2) 滝沢金三：食の科学，**171**，40-48（1992）.
3) 配合飼料講座編纂委員会：配合飼料講座上巻（設計編），チクサン出版社，1980，670pp.
4) (財)遺伝学普及会編集委員会編：ビールのうまさをさぐる．裳華房，1990，165pp.
5) 岸　聰太郎・木村隆志・皆見武志・小林治人：日本国特許　第1745314号（1992）.
6) 山本剛史：養殖研ニュース，**25**，14-17（1993）.
7) 秋山敏男・安永義暢：養殖，**30**(4)，134-135（1993）.
8) T. Yamamoto, P. A. Marcouli, T. Unuma and T. Akiyama : *Fisheries Science* (in printing).
9) T. Akiyama : Pro. 20th U. S.-Japan Symp. on Aquaculture Nutrition, Newport, 28-30 Oct. 1991, 35-48, Washington DC., 1993.
10) G. L. Rumsey and H. G. Ketola : *J. Fish. Res. Board Can.*, **32**, 442-426 (1975).
11) J. Pongmaneerat, T. Watanabe, T. Takeuchi and S. Satoh : *Nippon Suisan Gakkaishi*, **59**, 1249-1257 (1993).
12) T. Murai, T. Akiyama, H. Ogata, Y. Hirasawa and T. Nose : *Nippon Suisan Gakkaishi.*, **48**, 703-710 (1982).
13) T. Murai, T. Akiyama and T. Nose : *Nippon Suisan Gakkaishi.*, **48**, 787-792 (1982).
14) T. Watanabe, J. Pongmaneerat, S. Satoh and T. Takeuchi : *Nippon Suisan Gakkaishi*, **59**, 1573-1579 (1993).
15) 有吉修二郎：アミノ酸飼料学．チクサン出版社，1983，203pp.
16) 示野貞夫・細川秀毅・山根玲子・益本俊郎・上野慎一：日水誌,**58**,1351-1359(1992).
17) 示野貞夫・益本俊郎・美馬孝好・安藤嘉生：水産増殖，**41**，113-117（1993）.
18) 示野貞夫・美馬孝好・山本　修・安藤嘉生：日水誌，**59**，1883-1888（1993）.
19) T. Murai, H. Ogata, A. Villaneda and T. Watanabe : *Nippon Suisan Gakkaishi*, **55**, 1067-1073 (1989).

4. エクストルーダー処理による魚粉代替タンパク質の利用性改善

秋 元 淳 志[*]

　魚粉代替タンパク質，特に大豆油粕（SBM）は加熱処理することによって栄養価の改善が試みられてきた．その結果，SBM は適切な条件で加熱処理することによって，栄養価が改善することが，ニジマス[1~4]，コイ[5,6]，チャネル・キャットフィッシュ[7] およびティラピア[8] などで認められている．すなわち SBM の栄養価は処理条件によって大きく変わることを示唆しているが，残念ながら詳細な処理条件についてはほとんど論じられていない．一方，近年養魚用飼料の造粒機として広く用いられてきた二軸エクストルーダー（Ext）は，食品分野において素材を加工する連続式の反応機として多くの研究がなされており，Ext による食品素材の加工ではタンパク質やでんぷんの低分子化や熱による融解と冷却による組織化などの現象が認められている[9]．すなわち従来の加熱処理方法とは異なり，素材に対して新たな性質を付加する可能性をもった Ext 処理は魚粉代替タンパク質の利用性改善にも大きな期待がもてる．
Ext 処理した SBM を養魚飼料原料に用いた例として，Akiyama ら[10]はウシエビに対して 140°C で Ext 処理した SBM の若干の栄養価の改善を認めている．一方，Pongmaneerat and Watanabe[11] も同様に SBM を Ext 処理してニジマスに対する栄養価を調べたところ，未処理のものに対して栄養価の改善はみられず，むしろ SBM を含む配合飼料を Ext でペレット化した場合に，改善効果を認めている．さらに Wilson and Poe[12] はチャネル・キャットフィッシュを用いて代替タンパク質源を含む9種類の飼料原料のタンパク質とエネルギーの消化率をエクストルーダーで製造したペレット（EP）とスチームペレット（SP）で比較し，両者の間にはほとんど差のないことを報告している．このように限られた報告の中でも Ext 処理の効果は様々であるが，これは用いた魚種の違いとともに，処理条件の違いが大きく影響している

* 日本配合飼料株式会社中央研究所

と推察される．そこで筆者らは Ext 処理条件と魚類における栄養価について
2種類の大豆製品を用いて検討したので，その結果を中心に魚粉代替タンパク
質の栄養価改善に対する Ext 処理の効果について述べる．

§1. Ext 処理効果

Ext 処理は単なる熱処理ではなく，圧力や剪断力などによる処理[13]も同時
に行われるため，トリプシンインヒビター（TI）やヘマグルチニンなどの抗
栄養因子を容易に失活させる他，常圧下での加熱処理とは異なった物理的な変
化が期待できる．

1・1 タンパク質　大豆タンパク質を例に挙げれば，大豆中のタンパク質
は通常，密な状態で存在しているが，熱変性によってタンパク質の構造が密か
ら粗へ変化して，消化酵素の作用を受けやすくなるといわれている[14]．Ext処
理ではさらに圧力や剪断力によってタンパク質が低分子化される[10]ため，養魚
における利用性を改善する一因となるのではないかと期待される．

1・2 炭水化物　SBM のような植物性原料には多くの炭水化物が含まれ
る．特に SBM の炭水化物にはでんぷんはほとんど含まれず，魚類にとって
消化しにくい多糖類が大部分を占める[14]．そのため，代替タンパク質を多く用
いることにより糞量が増加し，その結果として環境水への負荷も懸念される．
しかし Ext 処理はこのような難消化性多糖類を含む食物繊維の水溶化を促進
し[15,16]，さらに筆者らが行った実験* ではニジマスにおける消化吸収率の向上
も認められたことにより，適切な Ext 処理は糞量の減少に寄与することが期
待される．

1・3 アミノ酸　SBM を加熱処理する場合，加熱の程度によっては，メ
イラード反応による有効性リジンの低下やアミノ酸の損失が起ることが知られ
ている．特に低水分下での加熱処理で栄養価の低下が著しい[14]．しかし Ext
による丸大豆の処理ではバレル温度175〜239°C，加水量20％の高温・低水分
の条件でアミノ酸および有効性リジン含量の損失は全くみられない[17]．さらに
醸造用脱脂大豆粉をバレル温度150°C，水分含量60％で3回処理しても，シス
チンを除いてアミノ酸の損失はみられない[18]．以上のように大豆製品の Ext

---

* 秋元淳志・竹内俊郎・渡邉　武：平成2年度日本水産学会秋季大会講演要旨集，108p. 1990

処理では，かなりの高温条件でもタンパク質のアミノ酸レベルでの栄養価は損なわれないと考えられるが，養魚飼料の栄養価への影響は不明であり，今後検討する必要があると考えられる．

1・4 微量元素

Ext 処理と微量元素の利用性について検討した報告は少ないが，佐藤らは SBM の Ext 処理とニジマスにおけるマンガンと亜鉛の利用性について検討している* (表 4・1). LtSBM は加水量34%，品温 114°C で処理したもの，HtSBM は加水量46%，品温150°C で処理したサンプルである．またそれぞれの SBM 中に含まれるフィチン酸の量は 1.2(SBM), 1.3(LtSBM),

表 4・1 ニジマスの成長と白内障の発症におよぼす大豆油粕 (SBM) のエクストルーダー処理と飼料中のマンガン (Mn) および亜鉛 (Zn) の添加量の影響

	平均魚体重 (g)		白内障の発生率 (%)
	開始時	終了時	
北洋魚粉*	1.6	79.7	0.0
SBM*	1.6	60.6	8.5
SBM+Zn & Mn**	1.6	66.3	5.7
LtSBM*	1.6	63.9	2.9
LtSBM+Zn & Mn**	1.6	78.6	0.0
HtSBM*	1.6	83.4	0.0
HtSBM+Zn & Mn**	1.6	85.8	0.0

飼料中の Zn および Mn 含量
* : Zn=40μg/g, Mn=20μg/g
** : Zn=80μg/g, Mn=40μg/g

1.0 (HtSBM) %で高水分・高温処理においてフィチン酸が若干減少した．これらの SBM を飼料中に30〜33%添加（魚粉に対して42%の置換）した CP 37%の飼料を用いて21週間の飼育試験を行ったところ，SBM 区の成長は対照の北洋魚粉に劣り，白内障の発生も認められた．またこの白内障は Zn と Mn を対照飼料の倍量（Zn：80μg/g および Mn：40μg/g）添加しても抑制することはできなかったが，Ext 処理することによって成長とともに白内障も抑制された．特に HtSBM では Zn と Mn を倍量添加することなしに，対照飼料よりも優れた成長を示し，さらに白内障の発生が防止された．また SBM と LtSBM のフィチン酸含量は変わらなかったものの LtSBM に Zn と Mn を倍量添加することによって成長の改善とともに白内障の発生が防止された．このことより SBM 中にはフィチン酸以外にも Zn や Mn の利用を妨げている物質の存在が示唆され，それは Ext 処理によって失活もしくは除去され

---

* 佐藤秀一・ナンティガ ボンナム・竹内俊郎・渡邉　武・秋元淳志：平成 5 年度日本水産学会春季大会講演要旨集，44p. 1993

ることが推察された.

§2. Ext 処理による SBM および DSF の栄養価改善

ここでは大豆製品として SBM (既に加熱処理されている) と加熱処理を行っていない低変性脱脂大豆粉[19] (Defatted Soy Flour: DSF) の 2 種類を用いた. それぞれの一般成分, 水溶性窒素指数および TI 活性の値を表4・2に示す. これらの大豆製品をそれぞれ単独で Ext 処理を行い, Ext の処理条件とニジマスにおけるタンパク質および炭水化物の 消化吸収率 を 測定した. なお SBM および DSF の消化吸収率は既報[20]にしたがって算出した値を用いた. Ext は Bühler 社製 (DNDG-62) を用いた. 図4・1は Ext の構造を示した 模式図 である. L/D

表4・2 飼料用大豆油粕 (SBM) および低変性脱脂大豆粉 (DSF) の一般成分, 水溶性窒素指数およびトリプシンインヒビター (TI) 活性

	SBM	DSF
粗タンパク質 (%)	47.3	48.5
粗　脂　肪 (%)	1.2	0.6
粗炭水化物 (%)*	16.2	16.5
粗　灰　分 (%)	6.3	6.2
水　　　分 (%)	9.3	10.9
水溶性窒素指数	15.6	69.4
TI 活性 (TIU/mg)	5.5	49.2

* 大豆に含まれる糖質の内, 5％塩酸で加水分解 (沸騰水中で2時間) される成分.

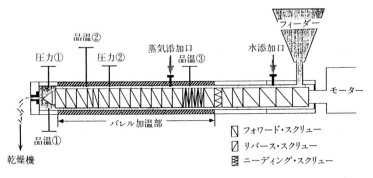

図4・1 実験に使用した二軸エクストルーダー (Bühler DNDG-62) の構造模式図と品温および圧力の測定位置

比 (スクリューの直径と長さの比) は20で, スクリューの後半部分にニーディング・スクリューとリバース・スクリューをそれぞれ配している. これらはいずれも SBM の Ext 内における単位回転数当たりの滞留時間 の 増加 と 摩擦熱の上昇をもたらす. Ext の処理条件およびニジマスで測定したタンパク質,

表 4·3　SBM および DSF をエクストルーダー処理した時の処理条件と大豆中のトリプシンインヒビター (TI) 活性およびタンパク質、炭水化物のニジマスにおける消化吸収率

試料 No.	スクリュースピード (rpm)	加水量 (%) 水	加水量 蒸気	加水量 合計	バレル温度 (℃)	品温 (℃) ①	②	③	圧力 (Bars) ①	②	TI 活性 (TIU/mg)	消化吸収率 (%) タンパク質*	炭水化物*
SBM													
					未処理						5.5	87.5±1.0^{bc}***	56.6±2.9^{ab}
S-1	132	15	18	33	130	159	176	163	29	39	1.4	80.9±0.7^{c}	44.7±1.4^{c}
S-2	84	20	9	29	73	146	144	102	70	59	2.0	95.3±1.0^{ab}	57.4±1.5^{a}
S-3	220	20	10	30	126	150	174	122	64	33	1.6	93.0±0.1^{ab}	55.0±2.2^{ab}
S-4	220	30	0	30	66	131	131	74	74	37	—	93.6±1.8^{ab}	54.8±2.1^{ab}
S-5	109	20	10	30	127	150	160	127	80	66	—	89.5±0.9^{cd}	52.6±4.4^{b}
S-6	109	10	10	20	127	170	179	141	95	65	1.7	90.5±1.4^{bcd}	58.9±2.7^{a}
S-7	109	20	10	30	63	124	133	107	95	60	1.5	94.9±1.1^{a}	55.5±1.0^{ab}
S-8	109	15	10	25	60	134	139	107	95	55	1.7	94.5±0.9^{a}	55.7±0.8^{ab}
S-9	109	10	10	20	61	139	150	112	92	65	—	87.6±1.8^{d}	40.5±2.0^{c}
S-10	82	20	10	30	127	149	160	135	82	76	—	91.8±1.3^{abc}	52.3±0.8^{b}
S-11	82	30	0	30	66	110	100	64	58	61	—	92.1±2.0^{ab}	55.6±1.3^{ab}
DSF													
					未処理						49.2	25.4±7.4^{d}	51.5±3.1^{b}
D-1	264	15	18	33	130	143	182	150	47	32	—	95.8±0.8^{a}	58.4±2.1^{a}
D-2	176	10	9	19	73	153	185	139	65	42	1.3	92.6±0.3^{b}	58.3±2.8^{a}
D-3	441	20	10	30	128	172	187	111	41	39	1.6	91.6±3.7^{ab}	67.1±5.3^{abc}
D-4	441	30	0	30	128	168	181	102	37	30	2.3	93.0±1.6^{ab}	56.9±2.0^{d}
D-5	441	30	10	40	125	168	174	111	37	25	1.6	95.0±0.9^{a}	58.1±2.2^{d}
D-6	330	20	10	30	126	147	179	107	51	33	1.7	93.1±2.6^{ab}	68.9±4.3^{a}
D-7	330	30	0	30	126	148	173	101	50	29	2.4	89.4±1.1^{b}	61.6±2.4^{bcd}
D-8	264	20	10	30	128	147	166	115	54	31	1.4	94.1±1.0^{ab}	58.2±0.6^{d}
D-9	264	30	0	30	128	150	164	106	55	31	0.8	95.4±0.8^{a}	58.8±0.9^{d}
D-10	264	20	0	20	128	164	184	105	62	40	3.7	83.1±4.5^{c}	67.7±5.2^{ab}
D-11	112	30	0	30	126	132	144	96	104	83	3.2	95.2±1.7^{a}	61.8±2.2^{bcd}
D-12	112	30	0	30	126	133	148	112	80	59		95.5±1.7^{a}	60.1±1.7^{cd}

* 平均±標準偏差 (n=3). ** 異符号間に有意差が認められる (5%水準).

炭水化物の消化吸収率を表4・3に示した．スクリュースピードは82〜441 rpm，加水量は水と蒸気を組み合わせて合計で20〜40％になるように調整した．またバレル温度も約60°C と約130°C の2種類設定したが，品温に及ぼす影響はスクリュースピードや加水量の要因の方がはるかに大きく，バレル温度はあまり影響を与えなかった．

2・1 品 温 Ext 処理における品温は処理する原料の流動性や加水量，蒸気量，スクリューパターン，バレル温度，スクリュースピード等の複合要因によって決定される．そのため品温は Ext 処理における最も重要な測定項目であるが，通常品温を直接制御することは不可能であり，何らかの処理を行った結果が品温に反映される．ここでは測定した品温とニジマスにおけるタンパク質と炭水化物の消化吸収率の関係について検討した．

1) SBM（図4・2）：タンパク質の消化率は未処理（87.5％）に対して，品温140°C 前後で95％程度まで改善された．しかし品温が150°C 程度からタンパク質の消化率は逆に下がる傾向を示した．すなわち SBM では品温を140°C 前後で処理することによって最も高い消化率の改善が期待できるが，150°C 以上になると条件によっては消化率が逆に低下する場合があることが分かっ

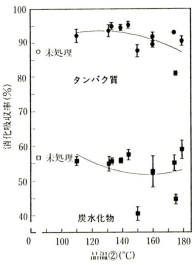

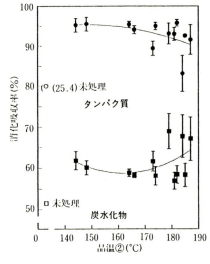

図4・2 SBM のエクストルーダー処理時の品温とニジマスにおけるタンパク質および炭水化物の消化吸収率との関係

図4・3 DSF のエクストルーダー処理時の品温とニジマスにおけるタンパク質および炭水化物の消化吸収率との関係

た．一方，炭水化物の消化率は未処理（56.6%）に対していずれの温度においてもほとんど改善されず，むしろ150°C 以上になるとタンパク質と同様に低下した．

2）**DSF**（図4·3）：未処理の DSF のタンパク質の消化率は TI 活性の高いこともあって，25.4%と非常に低い値を示していたが，Ext 処理によって95%程度まで改善された．しかし，SBM と同様にある温度以上になると逆に低下するサンプルも出てくるが，その温度は SBM よりも30°C 程度高温側の約180°C であった．また炭水化物はいずれの温度においても消化率の改善がみられたが，特に品温180°C 以上で大きく改善する傾向を示した．

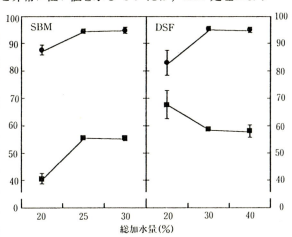

図 4·4　エクストルーダー処理における加水量とニジマスにおけるタンパク質および炭水化物の消化率との関係
——●——タンパク質の消化吸収率（%）
——■——炭水化物の消化吸収率（%）

2·2　加水量　加熱処理時の水分量がインヒビターの失活や有効性リジンの低下に大きな関係があることが，常圧下での処理（トースト処理）では知られており，低水分下での加熱処理は SBM の栄養価を著しく損ねる[14]．Ext 処理でも同様の傾向が認められ，図4·4に示したように，タンパク質の消化率は SBM および DSF のいずれも加水量20%で低下する傾向を示している．一方，炭水化物の消化率も SBM ではタンパク質と同様に加水量20%で低下しているが，DSF では逆に高くなる傾向を示している．すなわち DSF の炭水化物の消化率はタンパク質の消化率が低下するような低水分・高温処理で最も改善される．

2·3　滞留時間　図4·5に Ext のスクリュースピードとタンパク質の消化率との関係を示した．ここでは Ext のスクリュースピードをコントロールすることによって処理原料（ここでは DSF）の Ext 内の滞留時間を制御し

た．平均的な滞留時間は 112 rpm が60秒，264 rpm が35秒，330 rpm が 30
秒，441 rpm が26秒であった．スクリュースピードが速いほどタンパク質の
消化率が低下し，さらに TI 活性も同様に低下しているが，これはスクリュ

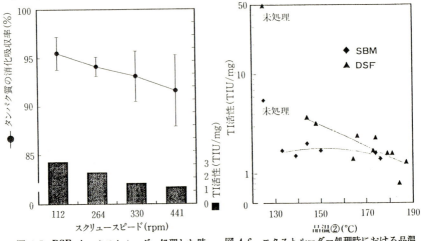

図 4・5　DSF をエクストルーダー処理した時
　　　　のスクリュースピードとニジマスにお
　　　　けるタンパク質の消化吸収率 および
　　　　DSF 中の TI 活性との関係

図 4・6　エクストルーダー処理時における品温
　　　　②と SBM および DSF 中の TI 活
　　　　性との関係

ースピードが速いほど Ext 処理が進んでいることを示しており，タンパク質
の消化率の低下がオーバーヒートによって生じたことを示唆している．すなわ
ち Ext 処理ではほとんど滞留時間の影響はなく，品温などの影響が大きいこ
とを示している．

2・4　TI 活性　　Ext 処理によって大豆中の TI は速やかに失活すること
が知られている[7] が，本実験でも同様の結果を得た．図4・6に Ext の処理温
度と TI 活性との関係について示した．いずれの湿度においても TI 活性の
大部分は失活し，僅かに残存した TI 活性もニジマスの消化率に影響を与え
ない程度であった．

§3.　飼育試験

試験区には Ext 処理した大豆製品のうち，タンパク質の消化率が改善した
もの (S-3, S-7 および D-9)，逆に低下したもの (S-9 および D-10) およ

び未処理のもの（SBM）を，また対照区には沿岸魚粉を用いた．試験魚はニ
ジマス，ブリおよびマダイの各稚魚を用いた．ニジマスには CP 40%，CL 20
%（乾物換算値）の飼料を用い，各サンプルは飼料中に30%（魚粉の39%を代
替）配合した．ブリおよびマダイは CP 51%，CL 18%（乾物換算値）の同一
の飼料を用い，各サンプルはニジマスと同様飼料中に30%（魚粉の30%を代
替）配合した．試験飼料はすべて実験室で調整したもので，加水して成形した

表 4·4 各試験における飼育条件と飼育開始時の魚体重

	ニジマス	ブリ	マダイ
水槽容量 (*l*)	45	100	100
飼育日数	42	30	30
1 水槽当たりの収容尾数	25	25	30
飼育期間中の水温 (℃)	15±1	20〜24	26〜31
注水量 (ml/min)	25〜36	170〜180	220〜300
給餌回数 (回/日)*	3	4	3
飼育開始時の魚体重 (g)	5.0	2.3	5.2

* 飽食給餌

表 4·5 ニジマス，ブリおよびマダイ稚魚の飼育試験結果

		エクストルーダー処理大豆製品*					
	SBM	S-3	S-7	S-9	D-9	D-10	BFM
＜供試魚：ニジマス＞							
成長倍率 (%)	306	324	365	297	318	272	320
日間摂餌率 (%/day)	2.93	2.78	2.86	2.76	2.77	2.70	2.51
飼料効率	1.10	1.17	1.17	1.15	1.18	1.12	1.27
タンパク質効率	3.15	3.26	3.32	3.27	3.26	2.92	3.30
生 残 率 (%)	100	100	100	100	100	100	100
＜供試魚：ブリ＞							
成長倍率 (%)	1202	1080	1195	1004	1158	801	908
日間摂餌率 (%/day)	4.67	4.41	4.37	4.17	4.49	4.61	4.24
飼料効率	1.31	1.36	1.38	1.38	1.35	1.21	1.37
タンパク質効率	52.9	2.71	2.75	2.74	2.63	2.36	2.68
生 残 率 (%)	100	96	92	80	96	84	96
＜供試魚：マダイ＞							
成長倍率 (%)	387	354	367	342	333	296	342
日間摂餌率 (%/day)	3.74	3.71	3.7	3.61	3.53	3.91	3.69
飼料効率	1.06	1.04	1.06	1.06	1.08	0.93	1.02
タンパク質効率	2.11	2.08	2.12	2.11	2.11	1.81	2.00
生 残 率(%)	93	96	96	100	93	93	96

* 表4·2 参照

後，真空凍結乾燥機で乾燥したものである．各魚種における飼育条件を 表 4・4
に示す．

3・1 ニジマス　　表 4・5 に結果を示す．ニジマスでは S-7 の成長が最も優
れ，次いで S-3，BFM および D-9 で，SBM はそれらに比べて僅かに劣っ
た．低水分で処理した S-9 および D-10 はいずれも低い成長を示したが，特
に D-10 は成長とともに最も低いタンパク質効率を示した．日間摂餌率は
BFM が最も低く，逆に SBM が最も高かったが，Ext 処理によって低下す
る傾向を示した．

3・2 ブ リ　　SBM および S-7 の成長が最も優れていた．SBM の飼料
効率やタンパク質効率は若干低いものの高い摂餌率でそれらを補い，逆に S-7
の摂餌率は SBM に比べて低下するもののタンパク質効率に優れ，いずれも
優れた成長を示した．ブリでもニジマスと同様に SBM の Ext 処理によって
摂餌率が低下する傾向や，最も低い成長を示した D-10 は，摂餌率が高く，タ
ンパク質効率が低いなど，共通した結果が得られた．

3・3 マダイ　　SBM の成長が最も優れていた．これは飼料効率やタン
パク質効率がほとんど変わらなかったのに対して，日間摂餌率が若干高かったか
らであろうと推察された．すなわちマダイでは SBM の Ext 処理の効果はニ
ジマスやブリに比べて顕著ではなく，むしろ摂餌量が減少した分，成長が低下
した．一方，D-10 はマダイでも最も低い成長とタンパク質効率，高い日間摂
餌率を示し，低水分処理の SBM はいずれの魚種についても栄養価が劣るこ
とが分かった．

　以上のようにニジマスを用いて測定したタンパク質および炭水化物の消化率
を栄養価の指標とした場合，ニジマスではほぼ指標通りの飼育結果が得られた
が，ブリおよびマダイでは未処理の SBM が優れた飼育成績を示し，魚種に
よって最適な SBM の処理方法を検討する必要性が示唆された．さらに本試
験のような稚魚期の飼料においても飼料中30％程度の SBM の使用は成長に
なんら影響を与えないばかりか，むしろ優れた成長を示したことから，その利
用性の改善方法の検討と合わせて，今後より積極的な代替タンパク質の利用が
期待される．

文　献

1) 麻生和衛：水産増殖, 臨時号 **6**, 97-105 (1966).
2) M. Sandholm, R. R. Smith, J. C. Shin and M. L. Scott : *J. Nutr.*, **106**, 761-766 (1976).
3) R. R. Smith, M. C. Peterson and A. C. Allred : *Prog. Fish-Cult.*, **42**, 195-199 (1980).
4) A. G. J. Tacon, J. V. Haaster, P. B. Featherstone, K. Kerr and A. J. Jackson : *Nippon Suisan Gakkaishi*, **49**, 1437-1443 (1983).
5) S. Viola, S. Mokady and Y. Arieli : *Aquaculture*, **32**, 27-38 (1983).
6) H. J. Abel, K. Becker, Chr. Meske and W. Friedrish : *Aquaculture*, **42**, 97-108 (1984).
7) R. P. Wilson and W. E. Poe : *Aquaculture*, **46**, 19-25 (1985).
8) Kokleongwee and Shao-Wvshu : *Aquaculture*, **81**, 303-314 (1989).
9) 早川　功：エクストルージョンクッキング-二軸型の開発と利用（食品産業エクストルージョンクッキング技術研究組合編), 光琳, 1987, pp. 11-43.
10) D. M. Akiyama and Fsgpaquaculture Reserch : *Fish Toba Aug.* **28**-Sept. 1.
11) J. Pongmaneerat and T. Watanabe : *Nippon Suisan Gakkaishi*, **59**, 1407-1414 (1993).
12) R. P. Wilson and W. E. Poe : *Prog. Fish-Cult.*, **47**, 154-158 (1985).
13) 土井悦四郎：エクストルージョンクッキング-二軸型の開発と利用-（食品産業エクストルージョンクッキング技術研究組合編), 光琳, 1987, pp. 1-10.
14) 渡辺篤二・海老根英雄・太田輝夫：大豆食品, 光琳, 1971, pp. 9-61.
15) 小田泰士・青江誠一郎・中岡正令・井門和夫・太田富貴雄・綾野雄幸：日本栄養・食糧学会誌, **41**, 449-456 (1988).
16) 小田泰士・青江誠一郎・綾野雄幸：日本栄養・食糧学会誌, **44**, 189-194 (1991).
17) 古市幸生・窪田靖司・杉浦洋一・梅川逸人・高橋孝雄・河野省一：日本栄養・食糧学会誌, **42**, 165-172 (1989).
18) 五十部誠一郎・野口明徳：日食工誌, **34**, 456-461 (1987).
19) 渡辺篤二・海老根英雄・太田輝夫：大豆食品, 光琳, 1971, 226pp.
20) C. Y. Cho, S. J. Slinger and H. S. Bayley : *Comp. Biochem. Physiol*, **73B**, 25-41 (1982).

5. 淡水魚における代替タンパク質の利用[*1]

Juadee Pongmaneerat[*2]

　現在，養殖の形態や対象種が多様化するなかで，依然として飼料代が生産コストの50%以上を占める場合が多く，この割合を少しでも低減する方策が求められている．養魚飼料中に30〜60%（乾物換算）配合されているタンパク質は最も高価で重要な栄養成分といえよう．この点で養魚飼料中に20〜60%配合されている魚粉はいまだに主要タンパク原料として重要な位置を占めている[1,2]．

　世界中で生産された魚粉はいろいろな種類の動物生産に利用されているが（家禽類58%，ブタ20%，反すう動物2.5%，その他5.5%），養魚用飼料には14%が使用されている．世界の漁業生産量に占める養殖生産量の割合は，1987年には12〜14%であったが，2000年までには20%を超えること，すなわち養殖における魚粉の必要量は2000年までに倍増し，世界の魚粉生産量の20〜25%を占めることが予測されている[3]．原料魚の資源不足による魚粉供給の不安定化と価格の上昇は，飼料中の魚粉の配合率の削減を必要とし，このことは成長や飼料効率を低下させることなしにタンパクレベルの減少のみならず代替タンパク質の利用を余儀なくしている．低価格のタンパク原料の利用は飼料価格の低減に有効であると考えられる．

　実際の養魚飼料において魚粉の一部または全部を安価な動物性あるいは植物性タンパク源により置換する試みは現在までに多くの研究者によって行われてきたが，その利用性はタンパク原料や魚種によって異なっている．実用化に際しての主な問題点は養殖魚の必須アミノ酸（EAA）要求量を満足するEAA組成をもつ動物性および植物性原料がないことである[1]．現在，日本では一般に魚粉がマス用飼料では約52%，コイ用飼料では34〜39%の割合で配合されている．これらの飼料では大豆油粕（SBM）やコーングルテンミール（CGM）などの植物性タンパク原料はわずか12〜16%配合されているに過ぎない．動物性

[*1] 渡邉　武訳
[*2] タイ国立沿岸増養殖研究所

表 5・1　市販養魚飼料で一般に使用されているタンパク原料の必須アミノ酸組成 (NRC, 1983)[14]

アミノ酸	メンヘーデン魚粉	血粉	肉粉	肉骨粉	大豆油粕	コーングルテンミール	ピーナッツミール	綿実油粕	ナタネ油粕	ヒマワリ油粕
国際飼料番号	5-02-009	5-00-381	*	*	5-04-604	*	5-03-650	5-01-621	5-03-871	5-04-739
アミノ酸 含 量 (タンパク質中の%)										
アルギニン	6.1	4.2	6.5	6.6	7.4	3.0	9.5	10.2	5.6	9.6
ヒスチジン	2.4	6.0	1.9	1.7	2.5	1.8	2.0	2.7	2.7	2.7
イソロイシン	4.7	1.1	2.8	2.8	5.0	3.9	3.7	3.7	3.7	4.9
ロイシン	7.3	12.8	5.8	5.9	7.5	16.0	5.6	5.7	6.8	8.3
リジン	7.7	8.6	5.1	4.5	6.4	1.6	3.7	4.1	5.4	4.2
メチオニン	2.9	1.0	1.4	1.3	1.4	2.4	0.9	1.4	1.9	2.5
(+シスチン)	3.8	1.8	2.1	2.8	3.1	4.1	2.4	3.3	2.7	4.1
フェニールアラニン	4.0	6.8	3.2	3.5	4.9	6.2	4.2	5.9	3.8	5.1
(+チロシン)	7.2	9.4	5.4	5.8	8.3	10.9	7.4	7.9	6.0	8.1
スレオニン	4.1	4.2	3.1	3.2	3.9	3.3	2.4	3.4	4.2	4.2
トリプトファン	1.1	1.2	0.7	0.6	1.4	0.4	1.0	1.4	1.2	1.3
バリン	5.3	8.7	4.3	4.4	5.1	4.3	3.9	4.6	4.8	5.6
粗タンパク質 (%乾物)	66.7	93	83.2	56.3	49.9	71.5	52.3	45.2	40.6	49.8

* Pongmaneerat and Watanabe, 1991.

タンパク原料としてはミートミール（MM）（肉粉），ミートボンミール（MBM）（肉骨粉），ブラッドミール（BM）（血粉），加水分解したフェザーミール（PBM）などがあるが，サケ・マス用飼料での使用割合は通常10％以下である[4]．動物性原料は植物性原料よりもタンパク質含量が高いが，魚粉に比べEAAバランスが劣り，EAAを不足している場合が多い[5]．魚粉および養魚飼料で一般に使用されているタンパク源のEAA組成を表5・1に示す．

§1. 動物性タンパク原料の利用

　高価な魚粉をMM，BM，MBMおよびPBMなどで代替する試みは多くの研究者によってなされてきたが[1,6~11]，マス用飼料では一般に総タンパク含量の1/3程度の配合率で利用されている．Steffens（Pikeら[4]，1990より引用）は，マス用飼料でPBMを27％（魚粉を一部代替）あるいは54％（魚粉を全部代替）配合した場合，成長や飼料効率に対する悪影響はなかったが，魚粉を全部代替すると対照区に比べ成長が30％程度低下することを報告している．しかしその後ニジマスにおいてPBMを単一タンパク源として利用することに成功している[4]．Tiewsら[12]もニジマス用飼料でPBMを40％配合してよい結果を得ている．GallagherおよびDeganiら[8]もウナギ *Anguilla anguilla* で魚粉の一部を代替できること，Fowler[11]は飼育成績を低下させることなしにマスノスケの実用飼料に20％（魚粉代替率50％）配合できることを報告している．

　MBMは代替タンパク源として適しており，テラピアでは魚粉の75％を，タイ類では40％を効果的に置換できることが報告されている[9,13]．しかしながら，MBMは灰分含量が高く，高灰分が飼料中のタンパク質の消化吸収率に影響を与えることが考えられる[14]．またMBMはメチオニンとトリプトファンの含量が低い[15]．

　BMは主に牛，豚の新鮮な血液（血餅）をいろいろな方法で乾燥したもので，タンパク含量が非常に高い（最低タンパク含量は85％）．リジンのよい給源であるが，イソロイシンが非常に低く，メチオニンの含量も比較的低い．養魚飼料用としてBMは簡単に入手可能な安価で効果的なタンパク原料とされている．Otubusin[16]は *Oreochromis niloticus* ではBMを10％含有する飼料で最も優れた飼育成績が得られることをみている．このタンパク質（イソロイシ

ンが低く，リジン含量が高い）とトウモロコシの麩（リジンが低く，イソロイシンが高い）との組合せは飼料原料の EAA 組成の改善に有効である．

PBM はタンパク質の EAA 組成と消化吸収率が劣ることからしばしば養魚飼料のタンパク源としては適していないと考えられてきた．しかし Koops[17]らは PBM を14～15％配合した飼料を用いてニジマスで優れた飼育成績を得ている．また Fowler[18]は成長と飼料効率を損なわずにマスノスケの飼料に15％配合できることを示唆している．

ミミズやオキアミミールのような一般的でない原料も魚粉を代替できることが報告されている．Akiyama ら[19]はミミズ *Allolophora foetida* 粉末を飼料に5％添加することにより効果的にシロザケの成長が促進され，飼料効率が改善されることをみている．一方，Hilton[20]は凍結乾燥した *Eudrilus eugenige* の粉末はニジマスでは魚粉の代替タンパク質としては適していないと報告している．Tacon ら[21]は3種類のミミズの栄養価を比較した結果，*A. longa* および *L. terrestis* を与えたニジマスの成長は *E. foretida* や市販のマス用飼料を与えた群より優れていたとしている．そして嗜好性や栄養的な問題は魚粉の代わりに凍結乾燥した *Eisenia* 粉末を配合した飼料を給餌したときに起こることが明らかにされた．

ニジマス[17]およびコイ[22]ではオキアミを配合することにより成長および飼料効率が改善される．対照的に逆の結果がチャンネルキャットフィッシュ[23]およびシロザケ[24]で報告されている．オキアミは他の一般的でない動物性原料に比べ優れたアミノ酸バランスを有しているが，そのほかにこの原料はアスタキサンチンのようなカロテノイド色素を含有しているので，肉色の改善が期待される．現時点ではオキアミミールの製造は経済的に採算がとれないが，オキアミには摂餌性を改善する効果があるので，最近サケの親魚用セミモイストペレットに添加されている[25]．

もう一つの動物性タンパク原料—魚サイレージは多くのサケ・マス類およびウナギで利用され優れた成果が得られている[1,26～28]．しかし，この原料のタンパク質含量は11.6～15.5％で，単用した場合，魚のタンパク要求量を満たすことはできないので，他の原料と併用使用される[29]．また，貯蔵中にトリプトファンが減少し，不飽和脂肪酸の酸化が起きることが指摘されている[30]．

表 5·2　淡水魚用飼料における植物油粕および豆粕類の利用

油　粕　類	魚　　種	最大配合率*
綿　実　油　粕		
溶剤抽出ミール	*Oreochromis mossambicus*	35%
溶剤抽出ミール	*O. aureus*	<26%
低ゴシポール，全脂ミール	*O. aureus*	<21%
低ゴシポール，溶剤抽出ミール	*O. aureus*	<23%
溶剤抽出ミール	*Oncorhynchus tshawytscha*	34%
溶剤抽出ミール	*O. kisutch*	22%
溶剤抽出ミール	*Ictalurus punctatus*	17%
溶剤抽出ミール	*O. aureus/niloticus*	20%
溶剤抽出ミール	*Cyprinus carpio*	20%
ナ タ ネ 油 粕		
溶剤抽出，標準品	*O. mossambicus*	<42%
溶剤抽出，トースト	*C. carpio*	28%
溶剤抽出，カノラミール	*Salmo gairdneri*	22%
溶剤抽出，カノラミール	*S. gairdneri*	20%
溶剤抽出，カノラミール	*O. tshawytscha*	16~20%
ヒ マ ワ リ 油 粕		
溶剤抽出，標準品	*O. mossambicus*	70%
溶剤抽出，標準品	*S. gairdneri*	36%
大　豆　油　粕		
溶剤抽出，標準品	*O. mossambicus*	18%
全脂，エクスパンデッド	*O. niloticus*	50%
ヘキサン抽出，標準品	*O. niloticus*	42%
溶剤抽出，標準品	*O. niloticus/aureus*	20%
全脂，エクストルーデッド	*I. punctatus*	50%
溶剤抽出，トースト	*C. carpio*	35%
全脂，エクストルーデッド	*O. tshawytscha*	<17%
濃縮大豆タンパク質 (Haypro)	*S. gairdneri*	19%
全脂，エクストルーデッド	*S. gairdneri*	73%
全脂，エクスパンデッド	*S. gairdneri*	50%
全脂，トースト	*S. gairdneri*	32%
ヘキサン抽出，エクストルーデッド	*S. gairdneri*	36%
濃縮大豆タンパク質 (Haypro)	*S. gairdneri*	27%
ヘキサン抽出，標準品	*S. gairdneri*	26%
全脂，微粉末	*S. gairdneri*	<10%

* 対照の魚粉飼料と比較し，成長，飼料効率の低下しない推奨レベル（表は Wee, 1988 より引用）.

§2. 植物性原料の利用

経済的見地からすると一般に植物性タンパク質は動物性タンパク質よりも安価（恒常的ではないが）なので，植物性原料を養魚飼料に利用しようとした試みは非常に多い（表5・2）．一般に養魚飼料に植物性タンパク質を高割合で配合すると成長，飼料効率，摂餌性（嗜好性）が低下し，水中でのペレットの保形性が悪くなることが知られている．また抗栄養因子が存在するためあまり利用できない植物原料もある．動物用飼料において一般的に使用されている植物原料に含まれている抗栄養因子を表5・3にあげた．幸いなことにほとんど全ての

表5・3　飼料原料中に存在する一般的な抗栄養物質*

主 な 因 子	一般的に存在する原料	防 除 方 法
タンパク質栄養に対する阻害		
プロテアーゼ（トリプシン）インヒビター	大　豆	加熱，オートクレイブ
ヘマグルチニン（レクチン）	大　豆	加熱，オートクレイブ
サ ポ ニ ン	アルファルファ	
ポリフェノール（タンニン）	モロコシ	メチオニンあるいはコリンの添加
ミネラルの利用性に対する阻害		
フィチン酸	大　豆	添　加
シュウ酸	濃縮緑葉タンパク質	加熱処理
グルコシノレイト	ナ タ ネ	品種改良
ゴシポール	綿 実 種	品種改良
ビタミンの利用性に対する阻害		
抗脂溶性ビタミン		
VA（リポキシゲナーゼ）	大　豆	加熱処理あるいは
VD	大　豆	オートクレイブ
VE（オキシダーゼ）	インゲンマメ	オートクレイブあるいはVE添加
抗B—ビタミン		
チアミナーゼ	生　餌	加熱，B$_1$添加
抗—ニコチン酸	トウモロコシ	
抗—ピリドキシン	アマニ油粕	水抽出，加熱
抗—VB$_{12}$	生大豆	加熱処理
シアノゲン	キャサバ，マイロ	加熱処理

* Kaushik (1989) より引用.

植物性タンパク原料に通常含まれている抗栄養因子は加熱処理により破壊されるか不活性化されるものである[1,31~33].

2・1　大豆油粕（SBM）　いままで試験されてきた総ての植物性タンパク

原料の中で栄養価, 価格, 安定供給などの観点からみた場合, 利用性が最も高いと考えられるのは大豆油粕 (SBM) である. 世界における油粕および魚粉など12種類の主要タンパク原料の生産予測は1991／1992収穫年では1億3千9百万トンで, その中で SBM の生産量が最も高く7千40万トン (50.3%) と予測されている. 一方, 魚粉およびコーングルテンミール (CGM) はそれぞれ650万トンおよび1千30万トンとされている[3].

ニジマスにおける SBM の利用性をみた試験では, Cho ら[34]はニシン魚粉を35%から18%へ削減し, SBM を10%から39%へ増加しても成長および飼料効率に対する悪影響はみられなかったとしている. Dabrowska and Wojno[35]もニジマス用飼料で魚粉の40%を SBM で代替できること, リジン, アルギニン, シスチンおよびトリプトファンなどの合成アミノ酸を別々に, あるいは併用添加することにより SBM の利用性が改善されることを報告している. Reinitz[36] もまたニジマスでニシン魚粉20%と SBM 31%を配合した飼料と比べ, 溶媒抽出した大豆粕ミール56%とニシン魚粉5%を配合した飼料で優れた成長が得られることを観察している. Tacon ら[37]もニジマスで同様な結果を得ており, ヘキサンで抽出した大豆粕ミールは魚粉タンパク質の50%まで置換できるとしている. 彼らはまた魚粉タンパク質の75%まで全脂丸大豆ミールで置換しても成長あるいは飼料効率に悪い影響はみられなかったと報告している. Alexis ら[7]はニジマス飼料で魚粉の34%を SBM で代替 (飼料中26%) した結果, 魚粉飼料に比べ成長, 飼料効率が改善され,

特に飼料効率は1.15から1.35に向上したとしている.

しかしながら, Spinelli ら[38]は大豆ミール飼料による成長の低下および高死亡率を観察し, 飼料原料としての大豆の栄養的不適性の一部はフィチン酸塩あるいは鉄, 亜鉛および銅などのミネラルの生体内における利用性を阻害するイオン吸収化合物と関連しているものと推察している. 同様に Dabrowski ら[39]は魚粉の50%を SBM で置き換えるとニジマスの成長は著しく低下し, 100%代替すると成長停止とへい死をもたらしたと報告している. SBM 中のメチオニンの利用性の低さが成長低下の主な原因の一つであると推察している. 同じくニジマス稚魚 (9g) における50%大豆粉飼料の利用性は魚粉-トルラ酵母飼

料よりもかなり劣る[40]. Alexis[41]もニジマスの成長, 飼料効率およびタンパク質蓄積量が飼料中のSBM含量が増加すると減少し, 特に飼料タンパクレベルが42%で総タンパク質の50%に相当するときこの影響は著しいことをみている. SBM の高配合でみられた成長低下はリジン不足によるものと推測している.

他のサケ・マス類では, Fowler[42] はマスノスケおよびギンザケの成長はSBM の配合割合が13%を超えると著しく低下すると報告している. しかしながら, SBM の利用性はギンザケの方がマスノスケよりも高いようである. SBM の利用性の低い理由は明らかではないが, 彼は栄養成分の不足あるいは毒性によるのではないかと推察している.

コイにおける試験では, Viola ら[43,44]は SBM には可消化エネルギー, リジンおよびメチオニンが不足していると結論している. そしてこれらの不足は適量の油脂およびアミノ酸の添加によって克服できるが, 両者の適正添加量はSBM の配合量によって異なる. 魚粉の40%を SBM で置換した場合は5%の油脂とメチオニンの添加のみでよい. 魚粉の大部分あるいは総てを SBM で代替した場合は, 対照区の魚粉飼料を与えた場合と同じ増重とタンパク質およびエネルギー蓄積量を得るためには10%の油脂と0.4%のメチオニンおよび0.4~0.5%のリジンの添加が必要である. Abel ら[45]は魚粉の半量を代替するため加熱全脂丸大豆ミールを50%配合した飼料をカガミゴイに与えたところ, 対照魚粉飼料を与えた魚の60~65%の増重しか得られなかったと報告している. 対照区で飼育成績が優れていたのは魚粉のアミノ酸の利用性とバランスがよかったためと推察している. また同一タンパクレベルで北洋魚粉の75%をメタノール処理あるいは未処理の大豆粉で代替し, 対照の魚粉─トルラ酵母飼料と同じレベルになるように EAA を添加した飼料で飼育したマゴイの増重は対照区の約90%であった[46]. さらに大豆粉を配合した飼料ではメチオニンが不足しており, 0.25%のメチオニンのみの添加で十分であることがわかった[47].

Davis and Stickney[48] は *Tilapia aurea* 稚魚 (0.5 g) で飼料タンパク含量が36%の場合, SBM 100% 飼料で魚粉 100% 飼料に匹敵する成長を得ている. Viola and Arieli[49] はタンパク含量が25%のテラピア飼料で何も補足添加することなしに魚粉の半量まで SBM を使用できると報告している. さらに彼らは魚粉を完全に SBM で置換すると成長低下が起こるが, 油脂, リジン,

メチオニンおよびビタミンの添加によって改善されないことをみている.
Shiau ら[50]も飼料のタンパクレベルがテラピアの成長に対する適正レベル（24
％）以下では魚粉の一部を SBM で代替できることを示している.しかし，適
正タンパクレベル（32％）では飼料中の魚粉を SBM で30％代替すると成長と
飼料効率は著しく低下するが，対照飼料と同じレベルまでメチオニンを添加
することにより改善された[51].またテラピア（*Oreochromis niloticus* XO.
aureus）稚魚では飼料のタンパクレベルが24％のとき，全脂丸大豆ミールは魚
粉の30％しか置換できないが，ヘキサンで抽出した大豆ミールでは成長，飼料
効率に影響を与えることなしに魚粉の67％まで置き換えることが可能だとして
いる[52].しかし，100％代替するとタンパク源として魚粉のみを含有する飼料
と比較して飼育成績が著しく低下し，メチオニンの添加によって改善されなか
った[53].これはトリプシンインヒビターの活性が高いこと，および飼料のアミ
ノ酸バランスが劣るためではないかと推測している.Jackson ら[54]も魚粉を
50％あるいはそれ以上 SBM で代替した飼料を与えたテラピア（*Sarotherodon
mossambicus*）で成長低下を観察し，含硫アミノ酸の含量が低いことやトリプ
シンインヒビターあるいはヘマグルチニンのような他の要因の存在によるため
としている.Davies ら[55]はテラピア稚魚で魚体重の顕著な減少なしに飼料中
の魚粉タンパク質含量の75％まで SBM によって代替することができた.しか
し飼料効率，PER および NPU は対照区に比べやや低下した.

　チャンネルキャットフィッシュを用いた実験では，Andrews and Page[56]
は同一タンパクレベルにおいてニシン魚粉を SBM で代替すると成長と飼料効
率が低下すると報告している.SBM よりも魚粉が優れている理由として次の
ような可能性をあげている.(1)未知の成長因子としてタンパク質やアミノ酸で
はなく，他の非脂質および非ミネラル化合物の存在，(2) SBM および魚粉タン
パク質間の種々のアミノ酸の利用性の相違，あるいは(3)魚粉タンパクの優れた
アミノ酸バランスと SBM タンパクのアミノ酸インバランス.同様に Mohsen
and Lovell[57] は，32％タンパクレベルで魚粉を代替するに当たり SBM を34
％以上配合すると魚粉を40％含有する基本飼料と比べ成長，タンパク質および
脂質の蓄積が減少することをみている.アフリカキャットフィッシュでも魚粉
の一部あるいは全部を SBM で置換すると成長および飼料効率が低下した[58].

Wilson and Poe[59] は SBM にはチャンネルキャットフィッシュ稚魚において明らかにタンパク質の利用を阻害しているトリプシンインヒビターの他にも抗栄養因子が含まれることを示した. 最近, Webster ら[60]は同魚種においてタンパク源として植物性原料（49% SBM および35%アルコール粕）のみを配合した飼料で魚粉を12%含有する飼料に匹敵する成績が得られることを示唆している.

ミルクフィッシュでは成長や飼料効率に影響を与えずにヘキサン抽出した大豆ミールで魚粉を67%まで代替できることが Shiau ら[53]によって報告されている.

SBM の摂餌性に対する影響は魚種によって異なる. マスノスケは全脂大豆ミールを80%配合した飼料を摂餌しないが, ニジマスでは問題なく, またギンザケも摂餌する[42]. Lovell[61] はニジマスに対する SBM 飼料の嗜好性は魚粉含量が約18%以下になると低下すると結論している. 最近, 筆者ら[62]は SBM, CGM および MM を併用配合すると, 魚粉含量が10%以下の飼料でもニジマスは活発に摂餌することを明らかにした. チャンネルキャットフィッシュも SBM 飼料に対する摂餌性が高い[63]. SBM はタンパク原料として広く養魚飼料で使用されているが, 上述の多くの研究成果が示すように SBM タンパクの有効性は魚種によっても異なり, 大きな差があるのが現状である.

2・2 その他の植物性原料 ナタネはカナダで豊富な作物である. そのタンパク質の栄養価は SBM に匹敵するが, 粗繊維の含量が高い. そこそこのアミノ酸バランスを有するが, リジンが不足している. 養魚飼料に使用する場合の問題点はフィチン酸, タンニン, 他のフェノール化合物, グルコシノレイトおよび酵素ミロシナーゼの含量が高いことである. グルコシノレイトは加工条件が悪いミールでは酵素ミロシナーゼによって, あるいは腸内細菌によって加水分解され, 甲状腺機能を損なったり, 肝臓や腎臓に病理組織的変化を起こす様々な物質を生産する[64]. しかしながら, 製造技術が大いに改善され, ミロシナーゼあるいはグルコシノレイトを不活性化したり除去することが可能となった. また種子中のグルコシノレイト（<3mg/g）および油中のエルシン酸（<5%）含量の低いナタネの変種株が植物遺伝学者によって開発された. この新しいナタネの変種株をカノラミールと称している. Jackson ら[54]は, 魚粉タ

ンパク質の50%を低グルコシノレイト含量のナタネ粕（飼料中42%）で代替した飼料を用いて *S. mossambicus* で優れた飼育成績が得られたと報告している．しかし，代替率を高くすると成長は低下した．Davies ら[65]も *O. mossambicus* で15%ナタネ粕は効果的に大豆油粕を置換したが，配合割合を増加すると成長低下をもたらしたと報告している．Higgs ら[66]はカノラタイプのナタネ粕ならば，マスノスケにとってよいタンパク源であり，飼料タンパク質の13〜16%（乾物換算で16〜20%）の配合が可能であると結論している．その後，飼料中のグルコシノレイト含量が 2.65μ モル/g（乾物換算）以下の場合にはマスノスケ稚魚でタンパク質の約25%を代替できるとしている[67]．

綿実粕の利用はゴシポールの存在や有効リジンの含量が低いことなどから非常に限られている．Robinson ら[68,69]は脱脂した腺のない綿実粉ならばチャンネルキャットフィッシュ飼料に使用できるが，飼料中12〜15%を超えない範囲を推奨している．養魚飼料に配合できる綿実粕の安全なレベルはゴシポール含量に左右される．Dorsa ら[70]は溶剤抽出した綿実粕を17.4%以上，あるいは遊離のゴシポールを 900 ppm 以上含有する飼料では，チャンネルキャットフィッシュの成長，飼料効率が低下すると報告している．ところがテラピア（*S. mossambicus*）では綿実粕は優れた植物性原料で，タンパク源として100%配合してもそこそこの成績が得られる[54]．これは用いた綿実粕のゴシポール含量が低く，有効リジン含量が92%であったことによると考えられる．すなわち，養魚飼料原料として綿実粕を利用する場合には遊離ゴシポールと有効リジンの含量および油脂の抽出方法に注意する必要があろう．

アルコール粕は穀類の酵母による最初の発酵残査であり，SBM（トリプシンインヒビター）や綿実粕（ゴシポール）などに存在する抗栄養因子がなく優れたタンパク源であると考えられる．事実，チャンネルキャットフィッシュでは SBM が高割合で配合されている市販飼料と比べて，35%まで配合しても成長，飼料効率に対する影響はみられなかったと報告されている[60,63]．さらにその後の研究でチャンネルキャットフィッシュでは結晶リジンの添加により SBM と発酵残査は魚粉を完全に代替できることが明らかにされた[63]．

ピーナッツミール，ヒマワリ油粕，コプラミール，リュウセナミールなどの植物性タンパク原料も検討されている．Jackson ら[54]は *S. mossambicus* で

は魚粉飼料を与えた区の成長と比較して，これらのミールはリョウセナミール
を除きすべて魚粉の25％を置換できると報告している．また彼らは，飼料タン
パク質の50％を代替した場合，サンフラワーミールは *S. mossambicus* の成
長を促進するが，それ以上配合すると成長，飼料効率が低下することをみてい
る[54]．Viola ら[71]はアマカサバとルピナスミールの利用性をコイとテラピアで
検討し，カサバは30％，ルピナスは30〜45％の配合が限度であると報告してい
る．Kaushik ら[2]もルピナスの利用性をニジマスで調べ，飼料タンパク質の10
％あるいは20％（それぞれ飼料中13および26％の配合割合）を代替した場合，
成長，増肉係数は魚粉飼料区と差がなかったが，タンパク質を30％（飼料中39
％）置換すると著しく低下することをみている．

§3. 代替タンパク原料の併用配合による有効利用

　魚粉以外のタンパク原料は動物性，植物性を問わずある種の EAA が不足す
る場合が多く，飼料の単一タンパク源としては利用できない．筆者らのコイお
よびニジマスを用いた研究でも MM，MBM，CGM，SBM は単一タンパク源
としては利用できないことをみている[72〜76]．そのため魚の EAA 要求を満た
すアミノ酸組成を得るように種々のタンパク原料を組み合わせて利用性を改善
する試みが数多く行われている．筆者らの最近の実験でも SBM を CGM およ
び MM と併用することによりニジマス[62]では魚粉の90％を，コイ[75]では56％
を効果的に代替できることがわかった（表5・4および5・5）．Higgs ら[6]および
Tiews ら[12]はニジマスの実用飼料において畜産廃棄物ミールと加水分解フェ
ザーミールの組合せ（重量比で1.3〜1.5：1）で魚粉タンパク質の75％を代替
することに成功している．同様にニジマスにおいてヘキサン抽出した MBM と
スプレードライの血粉の組合せ（4：1，メチオニン添加）で魚粉の50％を代替
している[1]．また Alexis ら[7]はフェザーミール（飼料中25％）と SBM（飼料
中25％）の併用で対照区の魚粉飼料に匹敵する優れた飼育成績が得られ，魚粉
の82％を置換することに成功している．彼らはまたニジマスでフェザーミール
（飼料中30％）と CGM（飼料中20％）を用いて魚粉を完全に置き換えても魚
粉飼料と同等の成績が得られたことを報告している．ニジマスでは CGM 15％
と SBM 25％の組合せ（魚粉代替率63％）も魚粉飼料に匹敵するかそれ以上の

表 5·4　大豆油粕 (SBM), コーングルテンミール (CGM) およびミートミール
(MM) 配合飼料によるニジマス稚魚 (3g) の飼育 (13週間, 水温 15℃)

タンパク原料	魚 粉 代 替 率 （%）					
	0	55	64	73	82	91
魚　粉	56	25	20	15	10	5
SBM	—	25	25	25	25	30
CGM	—	15	15	15	15	15
MM	—	—	5	10	15	15
粗タンパク質およびエネルギー含量						
粗タンパク質（乾物%）	41.6	43.1	43.4	44.0	44.7	43.5
総エネルギー（kcal/100 g）	545.8	564.3	565.6	572.2	580.7	582.5
可消化エネルギー（kcal/100 g）	478.0	486.7	499.8	499.6	508.9	519.6
終了時体重（g）	37.5[a]	42.3[a]	41.1[a]	39.9[a]	37.9[a]	35.3[a]
増 重 率	1166.8[a]	1355.3[a]	1314.7[a]	1287.4[a]	1226.6[a]	1093.3[a]
飼料効率	1.17	1.19	1.20	1.20	1.19	1.10
タンパク効率	2.81	2.77	2.76	2.72	2.66	2.50
タンパク蓄積率（%）	44.6	45.1	44.2	42.7	41.5	38.4
エネルギー蓄積率（%）	47.4	48.1	47.0	45.6	44.6	41.6

表 5·5　大豆油粕 (SBM), コーングルテンミール (CGM) およびミートミール
(MM) 配合飼料によるコイ稚魚 (4.5g) の飼育 (9 週間, 水温 21℃)

タンパク原料	魚 粉 代 替 率 （%）				
	0	56	78	89	100
魚　粉	45	20	10	5	—
SBM	—	25	30	36	40
CGM	—	10	15	10	15
MM	—	—	—	5	5
粗タンパク質およびエネルギー含量					
粗タンパク質（乾物%）	37.1	38.2	37.6	37.7	39.6
総エネルギー（kcal/100 g）	544.4	550.7	559.9	558.5	569.1
可消化エネルギー（kcal/100 g）	456.3	477.6	481.4	476.1	493.6
終了時体重（g）	44.5	43.1	39.2	37.9	36.3
増 重 率	871.4	854.5	756.7	742.6	707.5
飼料効率	1.25	1.19	1.09	1.06	1.03
タンパク効率	3.38	3.12	2.91	2.80	2.61
タンパク蓄積率（%）	51.9	45.6	40.7	38.4	35.7
エネルギー蓄積率（%）	42.1	38.4	37.8	35.2	34.8

成績を与えている[76]．また最近，渡邉らは濃縮大豆タンパク質，SBM，CGM，MM などを併用配合した無魚粉飼料でニジマス稚魚（約 10 g）を120日間飼育し，魚粉飼料区以上の成長，飼料効率，タンパク質蓄積，NPU を得ている．これらの成果は，大部分の淡水魚では飼料の魚粉に対する依存性は低く，将来は畜産用飼料と同様，無魚粉飼料による養殖が可能であることを示しているといえよう．

本章で述べてきたすべての代替タンパク質は大なり小なり実用飼料で使用されているものである．その利用性は魚種，市場における入手可能性，価格，魚の摂餌性に対する影響，栄養価，原料中の抗栄養因子の存在などによって左右される．さらに利用性を向上するためには栄養価の改善や抗栄養因子などを除去するための技術開発が必要となるであろう．

文　献

1) A. G. J. Tacon and A. J. Jackson : Nutrition and Feeding in Fish (C. B. Cowey, A. M. Mackie and J. G. Bell eds.), Academic Press, 1985. pp. 119–145.

2) S. J. Kaushik : Progress in Fish Nutrition, Proceeding of the Fish Nutrition Symposium (Shiau, S. Y. ed.), September 6–7, 1989, Keelung, Taiwan ROC, pp. 181–208.

3) A. P. Bimbo and J. B. Crowther : *J. Am. Oil Chem. Soc.*, **69**, 221–227(1992).

4) I. H. Pike, G. Andorsdottir and H. Mundheim : *Technical Bulletin*, No. **24** March, International Association of Fish Meal Manufacturers (LAFMM), 1990, 35 p.

5) T. Asgard : *Aquaculture International Congress & Exposition Proceedings*, September 6–9, 1988, Vancouver, Canada, pp. 411–418.

6) D. A. Higgs, J. R. Markert, D. W. Macquarrie, J. R. McBride, B. S. Dosanjh, C. Nichols and G. Hoskins : Proc. World Symp. on Finfish Nutrition and Fishfeed Technology (K.

Tiews and J. E. Halver eds.), vol. II, Berlin, 1979, pp. 191–218.

7) M. N. Alexis, E. Papaparaskeva-Papoutsoglo and V. Theochari : *Aquaculture*, **50**, 61–73 (1985).

8) M. L. Gallagher and G. Degani : *Aquaculture*, **73**, 177–187 (1988).

9) S. J. Davies, J. Williamson, M. Robinson and R. I. Bateson : The Third International Symposium on Feeding and Nutrition in Fish, August 28–September 1, 1989, Toba, Japan, pp. 325–332.

10) S. J. Davies, I. Negas and S. M. Lintu : IV International Symposium on Fish Nutrition and Feeding (abstract), June 24–27, Biarritz, France. P–8–12, (1991).

11) L. G. Fowler : *Aquaculture*, **99**, 309–321 (1991).

12) K. Tiews, H. Koops, J. Gropp and H. Beck : World Symposium on Finfish Nutrition and Fishfeed Technology (K. Tiews and J. Halver eds.), vol. I., Hamburg, Berlin, 1979, pp. 219–228.

13) NRC (National Research Council) :

Nutrient requirements of coldwater fishes. National Academy Press, Washington D. C , 1981, 63 p.

14) NRC (National Research Council): Nutrient requirements of warmwater fishes. National Academy Press, Washington D. C., 1983 102 p.

15) C. B. Cowey: Twenty-fifth Annual Nutrition Conference for Feed Manufacturers, Special Symposium, April 24, 1989, Ontario, Canada, pp 14-24.

16) S. O. Otubusin: *Aquaculture*, **65**, 263-266 (1987).

17) H. Koops, K. Tiews, J. Gropp and H. Beck: Proc. World Symp. on Finfish Nutrition and Fishfeed Technology (K. Tiews and J. E. Halver eds), Hamburg, 20-23 June 1987. vol. II., Berlin, pp. 281-292.

18) L. G. Fowler: *Aquaculture*, **89**, 301-314 (1990).

19) T. Akiyama, T. Murai, Y. Hirasawa and T. Nose: *Aquaculture*, **37**, 217-222 (1984).

20) J. W. Hilton: *Aquaculture*, **32**, 277-283 (1983).

21) A. G. J. Tacon, E. A. Stafford and C. A. Edwards: *Aquaculture*, **35**, 187-199 (1983a).

22) M. Lukowicz: Proc. World Symp. on Finfish Nutrition and Fishfeed Technology (K. Tiews and J. E. Halver eds.), Hamburg 20-23 June 1987. vol. II., Berlin, pp. 293-302.

23) V.Hilge: Proc. World Symp. on Finfish Nutrition and Fishfeed Technology (K. Tiews and J. E. Halver eds.), Hamburg, Heinemann, Berlin, 1979, pp. 167-171.

24) T. Murai, I. Yagisawa, Y. Hirasawa, T. Akiyama and T. Nose: *Bull. Natl. Res. Inst. Aquaculture*, **1**, 79-86 (1980) (in Japanese, with English abstract).

25) R. W. Hardy: Fish Nutrition 2 nd. Academic (J. E. Halver ed.), Press,

New York. 1989, pp. 475-548.

26) R. W. Hardy, K. D. Shearer and J. Spinelli: *Aquaculture*, **38**, 35-44(1984).

27) F. E. Stone, R. W. Hardy, K. D. Shearer and T. M. Scott: *Aquaculture*, **76**, 109-118 (1989).

28) J. F. Goncalves, S. Santos, V. S. Periera, I. Baptista and J. Coimbra: *Aquaculture*, **80**, 135-146 (1989).

29) L. K. Wee: Finfish Nutrition Research in Asia. Proceeding of the second asia fish nutrition network meeting (De Silva, S. S. ed.), IDRC, Heinemann Publishers Asia Pte. Ltd., 1988, pp. 25-41.

30) A. J. Jackson, A: K. Kerr and C. B. Cowey: *Aquaculture*, **38**, 211-220 (1984).

31) L. G. Chubb: *Recent Adv. Ani. Nut.*, 21-37 (1982).

32) S. Viola, S. Mokady and Y. Arieli: *Aquaculture*, **32**, 27-38 (1983).

33) G. Grant: A review. *Progress in Food and Nutrition Science*, **13**, 317-348 (1989).

34) C. Y. Cho, H. S. Baylet and S. J. Slinger: *J. Fish. Res. Board Can.*, **31**, 1523-1528 (1974).

35) H. Dabrowska and T. Wojno: *Aquaculture*, **10**, 297-310 (1977).

36) G. Reinitz: *Prog. Fish-Cult.*, **42**, 103-106 (1980).

37) A. G. J. Tacon, J. V. Haaster, P. B. Featherstone, K. Kerr and A. J. Jackson: *Nippon Suisan Gakkaishi*, **49**, 1437-1443 (1983b).

38) J. C. Spinelli, C. Mahnken and M. Steinberg: Proc. World Symp. on Finfish Nutrition and Fishfeed Technology (K. Tiews and J. E. Halver eds.), Hamburg, Berlin, 1979, pp. 131-142.

39) K. Dabrowski, P. Poczyczynski, G. Kock and B. Berger: *Aquaculture*, **77**, 29-49 (1989).

40) T. Murai, H. Ogata, A. Villaneda and T. Watanabe : *Nippon Suisan Gakkaishi*, **55**, 1067-1073 (1989a).

41) M. N. Alexis : *Aquat. Living Resour.*, **3**, 235-241 (1990).

42) L. G. Fowler : *Prog. Fish-Cult.*, **42**, 87-91 (1980).

43) S. Viola. J. Arieli, U. Rappaport and S. Mokady : *Bamidgeh*, **33**(2), 35-49 (1981).

44) S. Viola, S. Mokady and Y. Arieli : *Aquaculture*, **26**, 223-226 (1982).

45) H. J. Abel, K. Becker, C. Meske and W. Friedrich : *Aquaculture*, **42**, 97-108 (1984).

46) T. Murai, H. Ogata, P. Kosutarak and S. Arai : *Aquaculture*, **56**, 197-206 (1986).

47) T. Murai, W. Daozun and H. Ogata : *Aquaculture*, **77**, 373-385 (1989b).

48) A. T. Davis and R. R. Stickney : *Trans. Am. Fish. Soc.*, **107**, 479-483 (1978).

49) S. Viola and Y. Arieli : *Bamidgeh*, **35**(1), 9-17 (1983).

50) S. Y. Shiau, J. L. Chuang and C. L. Sun : *Aquaculture*, **65**, 251-261 (1987).

51) S. Y. Shiau, S. F. Lin, S. L. Yu, A. L. Lin and C. C. Kwok : *Aquaculture*, **86**, 401-407 (1990).

52) S. Y. Shiau, C. C. Kwok, J. Y. Hwang, C. M. Chen and S. L. Lee :' *J. World Aquaculture Soc.*, **20**, 230-235 (1989).

53) S. Y. Shiau, B. S. Pan, S. Chen, H. L. Yu and S. L. Lin : *J. World Aquaculture Soc.*, **19**, 14-19 (1988).

54) A. J. Jackson, B. S. Capper and A. J. Matty : *Aquaculture*, **27**, 97-109 (1982).

55) S. J. Davies, N. Thomas and R. L. Bateson : *Bamidgeh*, **41**, 3-11 (1986b).

56) J. W. Andrews and J. W. Page : *J. Nutr.*, **104**, 1091-1096 (1974).

57) A. A. Mohsen and R. T. Lovell : *Aquaculture*, **90**, 303-311 (1990).

58) G. Degani, Y. Ben-Zvi and D. Levanon : *Bamidgeh*, **40**, 113-117 (1988).

59) R. P. Wilson and W. E. Poe : *Aquaculture*, **46**, 19-25 (1985).

60) C. D. Webster, J. H. Tidwell, L. S. Goodgame, D. H. Yancy and L. Mackey : *Aquaculture*, **106**, 301-309 (1992).

61) R. T. Lovell : Van Nostrand Reinhold, New York, 1989, pp. 107-127.

62) T. Watanabe, J. Pongmaneerat, S. Satoh and T. Takeuchi : *Nippon Suisan Gakkaishi*, **59**, 1573-1579 (1993).

63) C. D. Webster, J. H. Tidwell and D. H. Yancy : *Aquaculture*, **96**, 179-190 (1991).

64) D. M. Akiyama : Presented at the Korean feed association conference, August 1988, Seoul, Korea. American Soybean Association. 15 p.

65) S. J. Davies, S. McConnell and R. I. Bateson : *Aquaculture*, **87**, 145-154 (1990).

66) D. A. Higgs, J. R. McBride, J. R. Markert, B. S. Dosanjh, M. D. Plotnikoff and W. C. Clarke : *Aquaculture*, **29**, 1-31 (1982).

67) D. A. Higgs, U. H. M. Fagerlund, J. R. McBride, M. D. Plotnikoff, B. S. Dosanjh, J. R. Markert and J. Davidson : *Aquaculture*, **34**, 213-238 (1983).

68) E. H. Robinson, S. D. Rawless and R. R. Stickney : *Prog. Fish-Cult.*, **46**, 92-97 (1984).

69) E. H. Robinson and W. H. Daniels : *J. World Aquaculture Soc.*, **18**(2), 101-106 (1987).

70) W. J. Dorsa, H. R. Robinette, E. H. Robinson and W. E. Poe : *Trans. Am. Fish. Soc.*, **3**, 651-655 (1982).

71) S. Viola, Y. Arieli and G. Zohor : *Bamidgeh*, **40**, 29-34 (1988).

72) T. Watanabe and J. Pongmaneerat : *Nippon Suisan Gakkaishi*, **57**, 495-501 (1991).

73) J. Pongmaneerat and T. Watanabe :
Nippon Suisan Gakkaishi, **57**, 503-510
(1991).

74) J. Pongmaneerat and T. Watanabe :
Nippon Suisan Gakkaishi, **59**, 157-163
(1993).

75) J. Pongmaneerat, T. Watanabe, T.
Takeuchi and S. Satoh : Nippon Suisan
Gakkaishi, **59**, 1415-1423 (1993).

76) J. Pongmaneerat and T. Watanabe :
Nippon Suisan Gakkaishi, **58**, 1983-1990
(1992).

6. モイストペレットにおける代替タンパク質の利用

示 野 貞 夫*

　生餌が多量に給与されている海水魚養殖でも，マイワシの漁獲減少や価格高騰に伴って配合飼料に対する関心が高まっている．しかし最近普及し始めた配合飼料の DP やオレゴン MP にも，沿岸魚粉が多量に配合されているので，養魚飼料の安定供給を図るためには，魚粉に替わるタンパク質の検索が必要である．魚粉の減産高騰に対処するため，ソフト DP 飼料を用いた東京水産大学の研究と並行して，筆者らの研究室では MP 飼料を用いてブリ飼料の魚粉代替源の検索や利用性向上について検討している．ここではそれらの結果を中心に(1)代替源の検索と配合許容量，(2)代替源の併用配合による魚粉の削減，(3)加熱，精製，発酵およびアミノ酸補足による SBM 栄養価の改善，および(4)各種飼餌料の消化過程について紹介する．なお本文では脚注に示した略号を用いる．

§1. 魚粉代替源の検索

1·1 大豆油粕 (SBM)
　　魚粉代替源として，まず市販 SBM を 10～30％配合した MP 飼料で約 14 g のブリを 30 日間水槽飼育した結果[1]，全区のブリは活発に摂餌し，順調に成長した．いずれの飼料区でもへい死魚は 3 尾以下であり，また外観的に飼料に起因すると思われる病魚や異常魚は認められなかった．30％区では成長や飼料効率がやや劣り，血漿の亜鉛やリン含量も多少低かったが，20％以下の代替区では無代替区に匹敵する好成績がえられた．またその血液性状や体成分も無代替区のそれらと類似しており，ブリ稚魚飼料に対する市販 SBM の代替許容量は一応20％程度と考えられた．原料組成を反映して，SBM の多代替飼料ほど TI 活性は増加して，Met と Lys が減少する傾

* 高知大学農学部
　　本文では次の略号を用いる：CGM, コーングルテンミール；DP, ドライペレット；EP, エクストルーデド ペレット；MM, ミートミール；MP, モイストペレット；NSI, 可溶性窒素指数；SBM, 大豆油粕；SPC, 濃縮大豆タンパク質；TI, トリプシン インヒビター．

向にあり，飼育成績低下への関与が示唆された[1]．

300 g と比較的大型ブリについて同様な試験を行った結果[2]，30％ SBM 区の消化率はやや低かったが，いずれの代替区でも無代替区に匹敵する成長，飼料効率，血液性状などがみられ，大型ブリ飼料には30％の SBM を配合できそうである．両試験の結果から，その利用能は魚体の大きさにより若干違うが，ブリ飼料にも20～30％の市販 SBM を配合できると判断される．しかし§3で述べるように，SBM の栄養価は加熱や精製の程度により異なることに注意しなくてはならない．

1·2　ほかのタンパク質源　次いで比較的安価で供給量も安定している CGM, MM，ナタネ油粕，ミートボーンミールおよび粉末麦芽タンパク質について，魚粉を減らしその一つを10～30％代替配合した飼料でブリ稚魚を飼育し[3,4]，図6·1の結果をえた．10～30％の MM（チキンミール）代替群では，成長や飼料効率とともに血液性状や体脂肪は高代替区ほど高かった．したがってその代替許容量は30％あるいはそれ以上と推察され，これらの代替源のうち

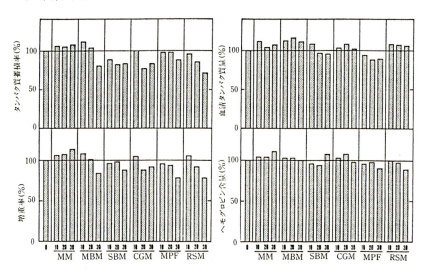

図 6·1　ブリ稚魚の成長，飼料効率および血液成分に及ぼす魚粉代替源配合量の影響[1,3,4]．
　　　　沿岸魚粉配合量を減らし10～30％の MM, SBM, CGM，ミートボーンミール（MBM），粉末麦芽タンパク質（MPF）およびナタネ粕（RSM）を配合した MP 飼料でブリ稚魚を30日間飼育した．いずれの値も無配合の魚粉飼料摂取魚（0）の各成績を100％とする相対値で示した．

では MM が最も優れていた．しかし，市販 MM の原料や製造法は異なるので，品質に十分注意する必要がある．

　10〜20％の CGM，ナタネ油粕，ミートボーンミールおよび粉末麦芽タンパク質代替区でも，無代替区に匹敵する優れた成長や飼料効率が認められ，それらの血液性状や体成分も無代替区のそれらと類似していた．一方，CGM とナタネ油粕の30％代替区では成長や血液性状は低く，代替許容量は10〜20％と判断された[3,4]．

　魚粉に比べて動物性タンパク質の MM とミートボーンミールでは，タンパク質，脂肪およびエネルギーの含量はさほど違わないが，Met および Lys が若干少なくて Arg が多かった．また植物性タンパク質では，糖質が多くて脂質が少なく，アミノ酸組成では Met や Lys が少なくて Phe や Leu が多く，特に CGM ではさらに Arg と Trp も少なく，Lys と Leu の含量が著しく異なっていた[3~5]．さらに，SBM には TI 活性やフィチン酸が，ナタネ油粕には含硫配糖体，ミロシナーゼ，エルシン酸などが含まれており[6,7]，高代替区における低成長はそれらのアミノ酸組成や抗栄養因子に起因すると考えられ，またタンパク質含量や難利用性炭水化物にも関連すると推察される[1~4]．

　MM，CGM，ミートボーンミールおよびナタネ油粕の各栄養価は魚粉のそれより低いにもかかわらず[8,9]，10％の各代替区の成長や飼料効率は無代替の高魚粉区のそれらよりむしろ高かった．飼料の一般成分やエネルギー量は等しかったので，これらの好成績の主原因はタンパク質源の併用配合によるアミノ酸組成の向上にあると推察され，ブリのタンパク質栄養やアミノ質要求を考える上で興味深い．またこれらの結果は，ブリ飼料のタンパク質源として沿岸魚粉の単独配合が必ずしも最良でないことを示しており，養魚飼料における魚粉の有効利用を考える上で興味深い[1~4]．以上の結果から，魚粉を主タンパク質源とするブリ実用飼料に対して，各種代替源の適量配合はコスト面ばかりでなく成長あるいはタンパク質源の安定供給の面からも有用であることがわかった．一方，単一タンパク質の多量配合は，そのアミノ酸組成や抗栄養因子に起因すると思われる成長や飼料効率の低下をまねき[1~4]，魚粉配合量を大幅に削減できないと結論される．

§2. 併用添加効果

単一タンパク源の多量配合に伴う成長や飼料効率の低下を防ぎ魚粉配合量を大幅に削減するために，20％ SBM と10〜30％の MM または CGM とを併用添加した飼料でブリ稚魚を飼育し，成長，飼料効率および魚体成分を調べた（表6·1）[10]．飼料分析の結果，対照の魚粉飼料に比べて30％ CGM 併用飼料で

表 6·1　ブリ稚魚の成長，飼料効率，血液成分およびみかけの蓄積率に及ぼす魚粉代替源併用添加の影響[10]

BFM :	73	60	50	39	28	51	41	31
SBM :	0	20	20	20	20	20	20	20
MM :			10	20	30			
CGM :						10	20	30
平均体重　開始時	21.2[*1]	21.2	21.2	21.2	21.2	21.2	21.2	21.2
（g）　終了時	87.0[a][*2]	84.4[ab]	87.4[a]	81.8[ab]	78.9[bc]	81.9[ab]	80.3[b]	73.8[c]
平均増重量（g）	65.8	63.2	66.2	60.6	57.6	60.7	59.0	52.6
飼料効率（％）	100.3	96.7	99.7	94.6	90.8	95.1	92.2	83.3
タンパク質効率	2.01	1.98	2.04	1.89	1.84	1.84	1.77	1.62
エネルギー効率（％）	25.7	24.9	25.4	23.9	23.0	24.0	23.0	20.9
ヘモグロビン（g/100ml）	11.8[a]	11.3[a]	10.3[a]	11.2[a]	10.7[a]	11.5[a]	11.0[a]	10.9[a]
ヘマトクリット（％）	44.7[a]	43.3[a]	38.2[a]	42.9[a]	39.0[a]	42.9[a]	41.1[a]	41.5[a]
赤血球（10⁴/mm³）	369[a]	359[a]	318[a]	356[a]	344[a]	370[a]	354[a]	363[a]
総タンパク質（g/100ml）	4.14[a]	3.46[b]	3.76[ab]	3.90[ab]	3.55[b]	3.59[b]	3.79[ab]	3.61[b]
トリグリ（mg/100ml）	109[b]	150[a]	108[ab]	126[ab]	153[a]	132[ab]	125[ab]	101[b]
リン（mg/100ml）	28.1[a]	25.3[a]	28.4[a]	24.6[a]	26.9[a]	29.5[a]	25.3[a]	24.7[a]
みかけの蓄積率（％）								
タンパク質	39.6	41.4	40.7	37.1	36.2	37.3	34.9	32.8
脂　肪	40.7	39.9	43.2	45.3	40.2	43.9	38.2	36.1
エネルギー	43.9	44.9	45.8	44.6	41.6	44.1	40.1	37.5

[*1] 魚粉を減らし20％の SBM と10〜30％の MM または CGM とを併用添加した MP 飼料でブリ稚魚を30日間水槽飼育．
[*2] 同一文字の区間には有意差なし（P<0.05）．

は，Met, Lys, Arg などのアミノ酸含量がかなり異なっていたが，低 CGM 併用飼料ならびに全 MM 併用飼料のアミノ酸組成は魚粉飼料のそれと類似し，TI 活性および NSI も単独添加飼料の場合ほど違わなかった．

　10％ MM 併用区の成長や飼料効率は20％ SBM 単用区のそれらより優れ，また無添加区と同等かむしろ高い飼育成績が認められた．さらに，その血清タンパク質はやや低かったが，血液性状や体成分は無添加区と同様に優れてい

た．このような好成績は，SBM と MM との併用添加に伴うタンパク質栄養価の改善に起因すると考えられる．20% SBM と20%以下の MM または CGM との併用添加区でも，無添加区には多少劣るものの，20% SBM 単用区に匹敵する飼育成績がみられ，その血液性状や体成分も優れていた．したがって，SBM と MM または CGM との併用添加により，ブリ飼料中の魚粉をほぼ半減できることが判明した．ブリ用ソフト DP 飼料においても，SBM と CGM との併用添加が魚粉の削減に有効であると報告されている[11]．

　MM 併用群と CGM 併用群との成績を比較すると，両群の血液性状や体成分はさほど違わないが，成長や飼料効率ならびに血清成分や蓄積率は MM 併用群で比較的高かった．したがって SBM との併用タンパク質源としては MM がより優れており，その原因はアミノ酸組成にあると推察される．植物性タンパク質では，共通して Met と Lys が少ないので[1~5]，併用添加を考える場合には，動物性タンパク質と植物性タンパク質との組合せが推奨される．本試験とは別に30% SBM と10~20%のオキアミミールとの併用添加でも，よい成績がえられている[12]．

　これらの知見は，屋内の小型水槽を使った短期間の飼育試験から得られたものであり，長期飼育の養殖現場で通用するか否かは明らかでない．そこで，SBM 無添加の魚粉飼料を対照として，20および30% の SBM 添加飼料を給与してブリ幼魚を網いけすで3カ月間飼育した[13]．その結果，いずれの添加区でも無添加区に匹敵する優れた成長や飼料効率がみられ，生残率も85%以上であった．添加区では消化管の肥大が観察されたが，全区の血液性状や魚体成分も近似していたし，そのタンパク質やエネルギーの蓄積率も優れていた．さらにソフト DP 飼料についても長期間の高成長が報告されているので[14]，ブリ実用飼料にも30%程度の SBM を代替配合できるものと判断される．

§3.　大豆油粕（SBM）栄養価の改善

　前述のように，市販の加熱 SBM は魚粉代替源として優れているが，魚粉に比べてそのアミノ酸組成や消化率はやや劣る[1~3]．特に無加熱の生 SBM は，TI のような抗栄養因子を含み，その栄養価は著しく低い．本項では，加熱，精製，発酵およびアミノ酸補足による SBM 栄養価の改善法について紹介する．

3·1　加　熱　　生 SBM を 108°C で 0 ～40分間加熱し，一般成分やアミノ酸組成の変化を調べるとともに，それらの SBM を20％添加した飼料でブリ稚魚を30日間水槽飼育した[15]．生 SBM の TI 活性は高く，タンパク消化率は顕著に低くかった．また同添加区の摂餌は活発であったにもかかわらず，体重は減少し，魚体成分や血液性状も著しく劣っていた．ところが20分加熱により SBM の TI 活性は低下して消化率は高まり，同添加区の成長，体成分，血液性状などは顕著に向上した．以上の結果から，生 SBM の栄養価は劣悪であり，その主原因は TI などの熱に不安定な抗栄養因子にあると考えられる[15]．

　30分区の成長はさらに向上して最大に達し，40分区のそれは低下した．また30分区では魚粉区に匹敵する優れた飼料効率や魚体成分が認められたので，本試験条件における SBM の至適な加熱時間は30分と考えられる[15]．ただし至適時間は加熱温度や水分含量により異なるので[16]，これらの条件についても，今後検討する必要がある．SBM の加熱により，一般成分やアミノ酸組成は変化せず，TI 活性が低下してタンパク質消化率が向上したことから，成績向上の主原因は TI などの熱に不安定な抗栄養因子の失活にあると考えられるが，NSI も低下したので，大豆タンパク質の熱変性も有効に作用したのかもしれない[15]．

　一方，30および40分加熱 SBM の TI 活性やアミノ酸組成は近似していたにもかかわらず，40分区の成長，飼料効率およびタンパク質消化率は比較的低かった．市販 SBM の再加熱時にアミノ酸分解と消化率低下がみられたし[1,2]，またアミノ酸分解に先だち Lys の有効性が低下したと報告されているので[17,18]，過加熱時における SBM 栄養価の低下はタンパク質消化率と有効アミノ酸含量の低下に起因すると推察される[15]．

3·2　精　製　　次いでアルコール（ダンプロ A）およびリン酸で洗浄精製した SPC を添加した飼料で，ブリ稚魚を30日間飼育した[15]．その結果，未精製区に比べて酸およびアルコール精製区では，成長，飼料効率，各栄養素の蓄積率および血液性状はいずれも優れ，特にアルコール精製 SPC 区の成績が優れていた．精製に伴う SBM 成分の変化を調べたところ，タンパク質と糖質がそれぞれ増減し，TI 活性と NSI が若干低下する程度であり，アミノ酸組成はほとんど変動しなかった．この結果は，TI のような熱に不安定な抗栄養因子

とともに，熱安定性因子が SBM 中に存在することを示唆している[15]．畜産動物の研究から，アルコール精製により TI や少糖類とともにエストロゲン（イソフラボン誘導体），サポニン誘導体，各種抗原物質が除去されるといわれているので[6]，これらの除去が SPC 区の好成績に寄与したものと思われる．魚類についてもフィチン酸の弊害と SBM 洗浄の有効性が報告されている[19~21]．

アルコール精製区の成績は無精製区だけでなく SBM 無添加の魚粉区のそれよりも高く，別の実験[1,2]でも同様の結果が認められた．したがって精製区の好成績は洗浄精製による抗栄養因子の低減ならびに魚粉と大豆タンパク質との併用配合によるアミノ酸組成の向上に起因すると推察され，SBM 栄養価の改善やブリのタンパク質栄養要求を考える上で興味深い[15]．今回用いた SPC は，食品添加物や代用牛乳を目的として開発された製品であるため，養魚飼料への利用は費用面から難しく，飼料原料を目的とした，簡易な洗浄法や精製法の研究開発が望まれる．

そこで SBM をリン酸で簡易に沈殿精製した結果[22]，タンパク質含量は約5％増大し，糖質とともに TI 活性と NSI は若干低下した．30％添加群では，酸精製・水洗区の成長がわずかに高かったが，未精製区との差異は小さかった．40％添加群では，未精製区の成長，飼料効率，蓄積率などが30％添加群や魚粉区に比べてかなり劣っていたのに対して，精製区のそれらは未精製区に比べてかなり優れており，30％添加群に匹敵する好成績がみられ，その血液性状，血清成分，体成分なども優れていた．以上の結果から，SBM の簡易精製は有効であり，ブリ飼料への添加許容量をある程度増やせることがわかった．精製区の好成績は洗浄精製に伴う TI 活性と糖質含量の低減に起因すると考えられるが，飼育成績の向上はさほど顕著でなく，さらに有効な簡易精製法の研究が望まれる[22]．

§1で述べたように，ナタネ油粕のアミノ酸組成は魚粉のそれと類似しており，そのタンパク質栄養価は高いが，タンパク質と可消化エネルギーが低く，糖質や粗繊維とともに抗栄養因子が多かった[3]．したがって，これらが高代替区の低成長に関与すると推察され，またそれらの低減・除去により栄養価の向上や添加許容量の増大が期待でき，ナタネタンパク質の精製に関する研究が望まれる．

3・3 発 酵 SBM の消化性向上を目的として，まず飼料全体をかつお節菌および醬油菌で48および72時間発酵し，発酵前後の飼料成分の変化を調べ，また未発酵飼料と発酵飼料でブリを飼育し，成長や飼料効率を比較した[23]．かつお節菌または醬油菌で長時間発酵した飼料をブリに給与すると，その成長，飼料効率，タンパク質消化率および血液性状がやや向上した．飼料の発酵により，ヒスタミン含量と過酸化物価は低下し，水溶性タンパク質量は増加する傾向にあり，発酵の有効性が示唆された．しかし飼料全体を発酵する本法では，低糖質含量のため発酵があまり進まず，増重効果も小さかった．そこで，SBM のみをあらかじめ両菌で強く発酵し，それを30％添加した飼料でブリ稚魚を飼育したところ，増重量は84〜85 g と未発酵 SBM 区の 80 g より優れていた．またその飼料効率やエネルギー効率は多少改善し，血液性状，血清成分および魚体成分も優れていた[24]．

Yone ら[25]は魚類荒粕の品質向上に発酵とスチーム処理が有効なことを明らかにし，その主原因に酸化脂質とアミノ酸分解物の減少をあげている．本研究で脂質含量の低い SBM を発酵しても，アミノ酸組成，TI 活性および POV 値はいずれもほとんど変化しなかったが，少糖類が減少し，タンパク質がやや増大した．また，大豆タンパク質の小分子化と可溶化が進み，発酵 SBM 区のタンパク質と糖質の消化率が向上した．したがって，発酵に伴う栄養価向上の主原因は SBM の消化性の改善にあると推察された．ただし，発酵 SBM 区の飼育成績は無添加区や SPC 添加区のそれより劣っていたので，今後は発酵の菌種や時間について検討する必要がある[24]．また，オリゴ糖の添加によって SBM 添加飼料の栄養価は向上したが[26]，その作用機作は不明であり，さらに詳しい研究が望まれる．

3・4 アミノ酸補足 前述のように，ブリ飼料の魚粉代替源として SBM と CGM は組成，価格および供給量の面から有用であるが，多添加区ではアミノ酸バランスに原因すると思われる成長や飼料効率の低下がみられた[1~3]．また SBM を用いたアミノ酸補足の予備試験では，抗栄養因子との関連から補足効果は明らかでなく，アミノ酸補足に関する詳細な研究の必要性が示唆された[1,2,27]．そこで，魚粉飼料を対照とし，部分精製して抗栄養因子の少ない CGM, SPC および両者の 1:4 混合物をそれぞれタンパク質源とし，魚粉の

必須アミノ酸組成を基準にして Lys, Arg, Trp および Met を所定量補足した EP 飼料でブリ稚魚を30日間水槽飼育し，成長，飼料効率，体成分などを調べた[28].

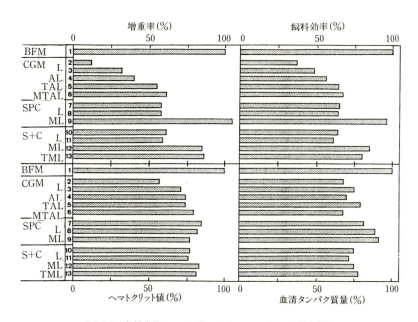

図 6·2　魚粉代替タンパク質に対するアミノ酸の補足効果[28].
　CGM, SPC および両者の 1：4 混合物（C＋S）をタンパク源とし，Lys（L），Arg（A），Trp（T）および Met（M）を補足した EP 飼料で平均体重 49g のブリを30日間飼育した．いずれの値も魚粉飼料摂取魚（BFM）の各成績を100％とする相対値で示した.

　図6·2から明らかなように，無補足の CGM 区の増重は劣悪であったが，Lys, Arg, Trp および Met を累加補足すると，成長は順次向上し，全補足の6区では魚粉区の62％の増重がみられた．SPC に対する Lys の補足効果はみられなかったが，Met を追加補足すると，102％と魚粉区に匹敵する成長が認められた．さらに，混合区にも Lys・Met・Trp を補足すると，魚粉区の85％の成長がみられ，結局いずれのタンパク質に対しても顕著なアミノ酸補足効果が認められた．アミノ酸補足は飼料効率や血液性状の改善にも有効であり，魚粉無配合飼料開発の可能性が示された．しかし，全補足区の成長も飼育後半に低下する傾向にあり，また血液性状と血清成分は魚粉区のそれらより劣

っており，長期飼育試験も含めた詳細な研究が必要である[28].

§4. 各種餌飼料の消化過程

ブリ養殖では，生餌，MP，DP など多種類の餌飼料が給与されているが，それらの消化特性は検討されていない．そこで，まず生餌と MP を給与したのち，食塊や血漿成分の経時変化を調べ，消化過程の差異を推察した[29]．両区の胃食塊の経時変化は類似していたが，MP 区では多量の食塊が未消化のまま胃から幽門垂・小腸に移行した．また生餌区に比べて MP 区では，胃食塊の TCA 可溶性窒素は少なかったのに対して，小腸・幽門垂食塊の TCA 可溶性と不溶性窒素はいずれも多かった．しかし両区のタンパク質や脂質の消化率は高く，血漿アミノ酸や脂肪酸も速やかに上昇し，活発な消化吸収が示唆された[29]．

続いて SBM の消化過程を知るため，生餌および魚粉を対照として生および加熱 SBM を生餌馴致ブリに強制給与し，同様に試験した[30]．ミンチ区では食塊の胃通過速度は最も速かったが，小腸におけるタンパク質の可溶化率や消化率は高かった．また摂餌後に血清遊離アミノ酸も顕著に増大したことから，その消化吸収は速くかつ優れていると考えられた．切身区でも，食塊の胃通過速度はミンチ区よりやや遅いが，消化の進んだ切身周辺部が小腸へ移行し，その後はミンチ区の消化吸収と類似していた．したがって消化速度はやや遅いが，ミンチと同様に切身の消化過程も優れていると判断された．生餌区と異なり魚粉区では，食塊の胃通過速度はかなり遅く，小腸食塊も比較的多かったが，タンパク質の可溶化率や消化率はかなり高かった．またその血清遊離アミノ酸含量も比較的高いことから，魚粉の消化吸収は生餌にはやや劣るが，かなり優れていると推察された[30]．

生 SBM 区ではミンチ区と同様に食塊の胃通過速度はきわめて速かったが，ミンチ区と異なり小腸におけるタンパク質の可溶化率と消化率は最も低かった．また下痢症状がみられたことから，生 SBM は未消化のまま排糞されたと考えられ，その消化吸収は劣悪と結論され，TI などの消化阻害因子の関与が示唆された[1,2,30]．

一方，加熱 SBM 区では，魚粉区と同様に食塊の胃通過速度が遅く，胃食塊

のタンパク質消化率も低かった．しかし小腸では食塊が多量かつ長時間滞留して消化が効率的に進行し，魚粉に似た消化吸収過程をたどると推察される．つまり加熱による消化阻害因子の失活を通じて SBM の消化性は向上したといえる．また SBM 添加飼料で飼育したブリでは，良好な成長ならびに消化管重量や酵素活性の適応もみられたので[1,2,13]，飼料馴致による SBM 消化過程向上の有無が注目された．

　そこで生餌，30% SBM 添加の MP および DP で2ヵ月間飼育したブリを用いて，同様の試験を実施した[28]．生餌区に比べて配合飼料区では，胃と小腸，特に小腸の体重比は有意に高く，また無添加の魚粉区に比べて30% SBM 区では胃と幽門垂の体重比がやや高かった．さらに，生餌区に比べて30% MP 区では，ペプシン活性はわずかに高い程度であったが，トリプシン活性は2.5

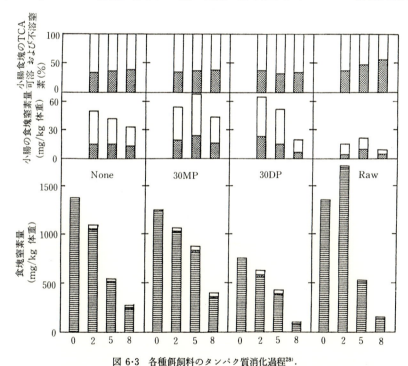

図 6·3　各種餌飼料のタンパク質消化過程[28]．
　生餌（Raw），魚粉飼料（None），ならびに30% SBM 添加の MP 飼料（30 MP）および DP 飼料（30 DP）を給与し，胃食塊窒素量（▦），ならびに小腸食塊の TCA—可溶性（□）および—不溶性窒素量（▩）を経時的に測定した．

倍と有意に高かった.

　胃食塊量の経時変化には顕著な区間差はなかった．ただし生餌区の胃では，長時間にわたって切身が残っていたが，その周辺部は消化されて早期から分子量5000以下のペプチドが認められた．一方，全配合飼料は胃で遅やかに粥状になり，未消化のままで小腸に移行し，生餌区の2・3倍量の食塊が終始みられた．しかし，多量の食塊が移行する配合飼料区の小腸では，SBM添加と無関係に，高活性のトリプシンの作用で消化が進行し，TCA不溶性窒素も多かったが，生餌区の3〜5倍量のTCA可溶性窒素や小分子のペプチドが認められた（図6・3）．これらの消化過程を反映して，血清のアミノ酸およびグルコース濃度は生餌区では速やかな上昇後に低下したのに対して，MP区では少し遅れて上昇してプラトーになり，長時間高濃度が続いた[28]．以上の結果から推察される各餌飼料の消化吸収過程は，次のとおりである．

　生餌区では切身は周辺部から胃で消化され，消化された食塊が少量ずつ小腸

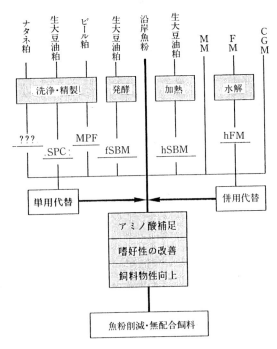

図 6・4　魚粉削減飼料（タンパク源多様化飼料）の開発改善法.

に移行し，効果的に消化吸収される．一方，SBM 添加と無関係に，MP は胃で速やかに崩壊し，未消化のままで大量に小腸に移行するが，これに対して小腸重量や消化酵素活性が適応して活発な消化吸収が行われると推察された．今回用いた DP は胃で比較的早期に崩壊し，MP に類似した消化過程が示唆されたが，もし保形性のよい DP であれば，生餌と類似した消化過程が期待できる．つまり飼料の組成ばかりでなく物性もその栄養価に影響する可能性があり，飼料の物性と栄養価との関連性についても，今後検討する必要がある[28]．

　結局，魚粉代替源を検索し魚粉削減飼料を開発改善する際には，まず代替源のタンパク質含量，アミノ酸組成，抗栄養因子，消化性などを調べる必要がある．抗栄養因子の除去には，加熱，洗浄，精製などが有効であり，それらはタンパク質含量の向上にも役立つ．また，消化性の向上には発酵や加水分解が効果的であろう（図6・4）．それらの代替源を単用あるいは併用配合し，少量のアミノ酸を補足することにより，魚粉配合量を半減できることが明らかになった．今後，これらの処理法を詳細に検討するとともに，飼料の物性や嗜好性を改善すれば，さらに多量の魚粉を削減できようし，魚粉無配合飼料の開発も夢ではない．

　本研究を進めるにあたり，水産庁と文部省からは研究費の補助を，また高知県水産試験場および高知大学海洋センターからはブリ飼育のご便宜を賜った．さらに丸紅飼料，昭和産業，ニチモウ，王子コーンスターチおよびキリンビールの各社からは飼料の調製や分析の援助を，また本研究室の教官，院生および学部生の諸氏からは飼育や魚体分析で全面的なご協力をいただいた．これらの機関および各位に厚くお礼を申しあげる．

文　献

1）示野貞夫・細川秀毅・久門道彦・益本俊郎・宇川正治：日水誌，**58**，1319-1325(1992).

2）示野貞夫・細川秀毅・森江　整・竹田正彦・宇川正治：水産増殖，**40**，51-56(1992).

3）示野貞夫・益本俊郎・藤田　卓・美馬孝好・上野慎一：日水誌，**59**，137-143(1993).

4）示野貞夫・美馬孝好・木下浩樹・岸　聡一郎：日水誌，**60**，521-525（1994).

5）National Research Council : Nutrient Requirements of Warmwater Fishes. National Academy of Sciences, Washington, D. C., 1977, pp. 52-60.

6）A. K. Smith and S. J. Circle : 大豆タンパク質（渡辺篤二・柴崎一雄訳），建帛

社, 1979, pp. 121-180.
7）杉橋孝夫・岡本昌幸：配合飼料講座 上巻
（配合飼料講座編纂委員会編），チクサン出
版社，1984, pp. 127-265.
8）T. Watanabe and J. Pongmaneerat:
Nippon Suisan Gakkaishi, **57**, 495-501
(1991).
9）J. Pongmaneerat and T. Watanabe:
Nippon Suisan Gakkaishi, **57**, 503-510
(1991).
10）示野貞夫・美馬孝好・今永哲生・東丸一仁
：日水誌, **59**, 1889-1895 (1993).
11）V. Viyakarn, T. Watanabe, H. Aoki,
H. Tsuda, II. Sakamoto, N. Okamoto,
N. Iso, S. Satoh, and S. Takeuchi:
Nippon Suisan Gakkaishi, **58**, 1991-2000
(1992).
12）示野貞夫・細川秀毅・藤田 卓・美馬孝好・
上野慎一：水産増殖, **41**, 135-140(1993).
13）示野貞夫・久門道彦・安藤裕章・宇川正治
：日水誌, **59**, 821-825 (1993).
14）T. Watanabe, V. Viyakarn, H. Kimu-
ra, K. Ogawa, N. Okamoto, and N.
Iso: *Nippon Suisan Gakkaishi*, **58**,
1761-1773 (1992).
15）示野貞夫・細川秀毅・山根玲子・益本俊郎・
上野慎一：日水誌, **58**, 1351-1359(1992).
16）J. L. McNaughton and F. N. Reece:
Poultry Sci., **59**, 2300-2306 (1980).
17）M. C. Nesheim and J. D. Garlich: *J.
Nutr.*, **88**, 187-192 (1966).
18）R. F. Hurrell, P. Lerman, and K. J.
Garpenter: *J. Food Sci.*, **44**, 1221-1227

(1979).
19）T. Murai, H. Ogata, P. Kosutara,
and S. Arai: *Aquaculture*, **56**, 197-206
(1986).
20）T. Murai, H. Ogata, A. Villaneda,
and T. Watanabe: *Nippon Suisan
Gakkaishi*, **55**, 1067-1073 (1989).
21）J. Spinelli, C. R. Houle, and J. C.
Wekell: *Aquaculture*, **30**, 71-83 (1983).
22）示野貞夫・美馬孝好・山本 修・東丸一仁
：水産増殖, **41**, 559-564 (1993).
23）示野貞夫・益本俊郎・美馬孝好・安藤嘉生
：水産増殖, **41**, 113-117 (1993).
24）示野貞夫・美馬孝好・山本 修・安藤嘉生
：日水誌, **59**, 1883-1888 (1993).
25）Y. Yone, M. A. Hossain, M. Furuichi,
and F Kato : *Nippon Suisan Gakkaishi*,
52, 549-552 (1986).
26）示野貞夫・美馬孝好・川端達夫・高久 肇
：水産増殖, **41**, 423-427 (1993).
27）K. Takii, S. Shimeno, M. Nakamura,
Y. Itoh, A. Obatake, H. Kumai, and
M. Takeda: Proc. Third Intern.
Symp. Feeding and Nutr. in Fish,
1989, 281-288.
28）示野貞夫・細川秀毅・益本俊郎：養魚用餌
料多様化検討調査報告，「平成5年度魚類
養殖対策調査事業報告書」（魚類養殖多様化
検討委員会編），1994, 249-293.
29）示野貞夫・竹田正彦・滝井健二・小野俊和
：日水誌, **59**, 507-513 (1993).
30）示野貞夫・関 信一郎・益本俊郎・細川秀
毅：日水誌, **60**, 95-99 (1994).

7. 海水魚用ドライペレットにおける代替タンパク質利用—Ⅰ

渡　邉　　武*

　養魚飼料用代替タンパク質に関する研究は古くて新しい課題であり，これまでに日本だけでなく，世界各国で同様な研究が数多く実施されてきた[1]．日本では淡水魚を中心に，種々のタンパク原料についてその利用性が試験されてきたが，海水魚では生餌が主体であったこともあり，ほとんど本格的な検討はされておらず，モイストペレット用粉末飼料に僅かに配合されているに過ぎない．しかしブリにおける二軸エクストルーダーを利用したソフトドライペレット（**SDP**）やマダイ用高性能ドライペレット（**DP**）の開発は，海水魚用飼料における魚粉以外のタンパク原料の利用可能性を示唆するものであった．

　魚粉の代替タンパク源として，量的にも質的にも，また価格の面からも，最も利用性が高いと考えられるのは大豆油粕（**SBM**）である．養魚飼料におけるタンパク原料としての **SBM** の利用性については様々な魚種で多くの研究者によって検討されてきたが，その有効性は魚種によって異なり，抗栄養因子の存在や **SBM** 配合による摂餌性の低下などが指摘されている事例もある[2]．

　最近，筆者らは **SDP** あるいは **DP** を用いて **SBM** を中心に各種タンパク原料の利用性をブリとマダイで検討してきたので，それらの成果を紹介してみたい．

§1.　大豆油粕（SBM）の利用性

　1·1　ブ　リ　　ブリでは **SDP** を開発した新製造技術（二軸エクストルーダー）を利用して，**SBM** の有効性を1年魚と2年魚で試験した[3]．サケ・マス類では **SBM** 配合による摂餌阻害が報告されているので[4]，まず **SBM** を配合した場合の飼料の物性や摂餌性および魚の健康などに対する影響をみるため，対照区の魚粉を単純に **SBM** を用いて10〜30%（魚粉代替率54%）置換した **SDP** を作成した（表7·1）．魚粉はタンパク質（CP）含量が約67%，粗

---

* 東京水産大学

脂肪（CL）含量が約10%，SBM はそれぞれ約46%および2%であったが，
この試験では SBM 配合による CP およびエネルギー含量の減少は補正しな
かった．そのため CP は対照区で約43%と最も高く，SBM 30%配合区で約

表 7·1　脱脂大豆油粕（SBM）配合ソフトドライペレット（SDP）成分組成（%）

| 原料 | 飼料中の SBM 含量 | | | | | |
| | 当歳魚 | | | | 2歳魚 | |
	0 %	10%	20%	30%	0 %	30%
沿岸魚粉	56	46	36	26	55	25
SBM	0	10	20	30	0	30
オキアミミール	10 ⎫				10 ⎫	
小 麦 粉	8 ⎪				8 ⎪	
バレイショでんぷん	3 ⎬ 30	30	30		3 ⎬ 30	
小麦グルテン	3 ⎪				3 ⎪	
ミネラル混合物	3 ⎪				3 ⎪	
ビタミン混合物	3 ⎭				3 ⎭	
フィードオイル	14	14	14	14	15	15
成分含量（%）						
粗タンパク質	44	41	40	38	43	36
粗 脂 肪	22	20	18	18	26	25
粗 灰 分	11	11	10	9	11	9
水　分	11	13	13	12	10	12

表 7·2　大豆油粕（SBM）配合ソフトドライペレット（SDP）のアミノ酸組成
　　　　（タンパク質中%）

| アミノ酸 | 飼料中の SBM 含量 | | | | 必須アミノ酸要求量[*1] | |
	0 %	10%	20%	30%	コイ	ニジマス
アルギニン	5.3	5.5	5.7	5.7	4.4	4.0
リジン	7.5	7.5	7.4	7.2	6.0	6.0
ヒスチジン	3.3	2.7	2.7	2.7	1.5	1.8
フェニールアラニン	4.1	4.1	4.5	4.5	3.4	3.6
チロシン	3.1	3.1	3.2	3.2	2.3	2.4
ロイシン	7.5	7.5	7.5	7.6	4.8	5.0
イソロイシン	4.3	4.3	4.4	4.4	2.6	2.8
メチオニン	2.8	2.6	2.5	2.5	1.8	2.3
シスチン	1.0	1.0	1.1	1.2	0.9	1.0
バリン	5.2	5.1	5.2	5.1	3.4	3.6
スレオニン	4.2	4.1	4.1	4.0	3.8	4.1
トリプトファン	1.4	1.3	1.3	1.4	0.8	0.6
粗タンパク質	44	41	40	38		

* C. Ogino[5].

36％（2年魚）および約38％（1年魚）と最も低くかった．CL 含量にも同様
の傾向がみられた．試験飼料の必須アミノ酸（EAA）含量（表7·2）をみると，
SBM の配合割合が10〜30％へ増加するに伴い，ヒスチジンとメチオニンがや
や減少し，アルギニンが増加したが，いずれの飼料も EAA 必要量を十分に
充足していたものと推察された（ブリのEAA 要求量は明らかにされていない
が）．なお参考のためにニジマスとコイの EAA 要求量[5] を表中に示した．

表 7·3 大豆油粕（**SBM**）配合ソフトドライペレット（**SDP**）を給餌した
ブリ当歳魚および2歳魚の飼育成績（3×3×3m いけす）

飼料中の SBM 含量（％）	収容尾数	平均体重（g）		増肉係数	給餌率	へい死率
		開始時	終了時			
当歳魚（給餌74日間）						
0	627	160	688	1.40	2.4	11.8
10	627	160	663	1.49	3.0	11.2
20	627	160	664	1.65	3.3	11.8
30	627	160	634	1.62	3.5	10.5
2歳魚（給餌143日間）						
0	133	1190	3260	2.13	1.4	6.0
30	135	1170	3080	2.62	1.4	28.2
オオナゴ	168	942	2930	7.50	5.4	8.9

1年魚のブリの試験では，平均体重160 g の魚を海面の小割いけす（3×3×
3 m）に 627 尾ずつ収容し，9月から12月まで74日間給餌（1日2回，2.0〜
5.0％）した．飼育成績を表7·3および図7·1に示す．平均体重160 g の魚が
対照区で 660 g，**SBM** 配合区で 634〜664 g に成長し，平均増肉係数が前者で
1.40，後者で1.50〜1.65で，いずれの試験区も比較的良好な成績を示した．飼
育開始後1〜2ヶ月間は摂餌率，成長，増肉係数などに **SBM** 配合の影響は
みられず，摂餌性は **SBM** 配合によってむしろ改善される傾向を示した．し
かし上述のように74日間の飼育終了時には **SBM** 30％配合区で成長と増肉係
数がやや劣った．これは **SBM** 配合による CP およびエネルギー含量の低下
を調整しなかったためと推察された．また **SBM** には粗繊維を含め炭水化物
が35％程度含まれているが，ブリに利用される部分は後述するように30〜40％
程度なので，**SBM** の添加割合を増加すると不消化部分が増え飼料効率が低下
する．

平均体重1200 g の2年魚では **SBM** 30％飼料と魚粉飼料および生餌（オオ

ナゴ）と比較した．2年魚においても **SBM** 配合の摂餌性に対する 影響 はな
く，飼育成績でも1年魚の場合とほぼ同じ傾向が認められた（表 7·4, 図 7·2).
試験終了時では対照区と **SBM** 30％配合区の平均体重に約180 g の差があり，
増肉係数も後者で劣った．これは1年魚の場合と同じく，**SBM** 30％配合によ
る CP およびエネルギー含量の低下を補正しなかったためと推察された．す

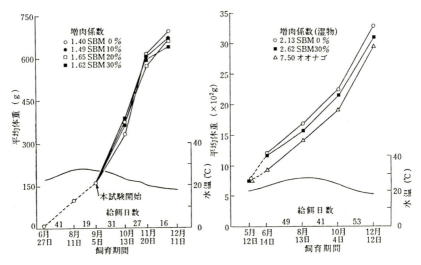

図 7·1　SBM（10〜30％）配合ソフトドライペ
レット（SDP）によるブリ当歳魚の飼
育（3×3×3 m いけす）

図 7·2　SBM 30％配合ソフトドライペレット
（SDP）によるブリ2年魚の飼育（3×
3×3 m いけす）

表 7·4　大豆油粕（**SBM**）配合ソフトドライペレット（**SDP**）を36日間給餌した
ブリ幼魚の飼育成績（25尾/500 *l* 水槽）

飼料中の SBM（%）	平均体重（g）		増肉係数	給餌率	PER*	へい死尾数
	開始時	終了時				
0	39	179	1.00	3.57	2.0	1
20	39	177	1.04	3.68	2.1	2
30	39	175	1.13	3.97	2.1	0
40	39	153	1.20	3.96	2.2	0
50	39	143	1.33	4.23	2.0	1
25＋ 15 CGM	39	160	1.07	3.62	2.2	2

* 増重量（g）/タンパク質摂取量（g）.

なわち飼料組成を調整することにより，1年魚および2年魚用の飼料に **SBM** 30％の配合は可能と推察された．対照区と生餌区では体重に330 g の差があったが，これは試験開始時の平均体重の差がそのまま終了時まで継続した結果であり，今回使用した対照区の **SDP** と生餌のオオナゴとは飼料の栄養価にほとんど差がなかったものと推察された．

なお1年魚および2年魚の試験において，飼育終了時に各区の魚について血液性状および筋肉のレオロジー物性を測定した結果，**SBM** 配合による影響は認められなかった[3]．

次に **SBM** の配合率を50％（魚粉代替率90％）まで高め，ブリの成長，飼料効率，摂餌性などに対する影響を調べた[6]．**SBM** 配合により，飼料の **EAA** 含量，特にメチオニンは対照区に比べ多少低くなるが，ブリの要求量は不明だが他の魚種と大差ないとすれば，要求量を充足する量は含まれていたものと推察された．その飼育結果は今までの結果を裏付けるものであった（図7·3）．**SBM** 配合により CP とエネルギー含量が減少するため成長，増肉係数が低下したが，**SBM** 50％区でもモイストペレット（5：5）区の成長と同じか，やや優れており，魚に対する

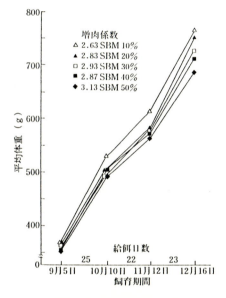

図 7·3　SBM（10～50%）配合ソフトドライペレット（SDP）によるブリ当歳魚の飼育（3×3×3 m いけす）

悪い影響は特に観察されなかった．また血液性状および筋肉のレオロジー物性からも，**SBM** 30％配合までは対照区と差のないことが明らかとなった．小型のブリを用いた500 l 水槽における裏付け試験でも，網いけすと同様の結果が得られた．図7·4に示したように，タンパク質あるいは可消化エネルギー（DE）摂取量当たりの増重率は各区の間で大差なく，**SBM** 配合飼料の CP と DE を増加すれば，対照区に匹敵する成長が得られるものと考えられる．成

長，増肉係数，血液性状などから評価して，**SBM** は30％程度ならば現時点で
も実用飼料原料として十分に利用可能と判断 さ れ る．しかし **SBM** を50％配
合した場合の **SBM** に由来する不消化部分を他の栄養素で補うのはかなり難
しいと考えられる．

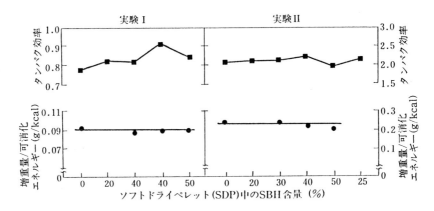

図 7·4　粗タンパク質あるいは可消化エネルギー摂餌量当たりのブリの増重量

なお上記の水槽試験では **SBM** 25％に コ ー ン グ ル テ ン ミ ー ル（**CGM**）15％
を併用した **SDP** も作製したが，この区の成長と増肉係数は **SBM** 40％区よ
り優れており，**CGM** のタンパク源としての利用可能性が示唆された．またこ
の区の魚では体色がやや黄色化し，特に側線には鮮やかな黄色 が 観察 さ れ，
CGM の配合は体色改善にも有効であることがわかった．

　1·2　マダイ　　最近，マダイにおいても高タンパク・高または中カロリー，
あるいは中タンパク・高または中カロリーの高性能 **DP** が開発された結果，
養殖現場において生餌やモイストペレットに代わり **DP** が急速に普及しつつ
ある．マダイにおける**DP**の開発もまた代替タンパク質利用の道を開くもので
あった．まず **SBM** の利用性を検討するため3タイプの **SBM** 配合**DP** を作
製した[7]．**SBM** の利用性はエクストルーダー処理により改善されることが報告
されているので，通常の**SBM** と二軸エクストルーダーを通した**SBM** を30％
ずつ配合した **DP**（スチームペレット）と，**SBM** を30％配合した **SDP** を製
造し，対照区（魚粉を主たるタンパク源とする **DP**）と比較してみた．**SBM**
飼料はいずれも中タンパク・高カロリー（CP 40〜42％，CL 17〜20 ％），　対

照飼料は高タンパク・中カロリー (CP 48%, CL 15%) に調整した．海面の小割いけす (3×3×3 m) に平均体重 8.9 g の稚魚を960尾ずつ収容し，8月から12月まで飼育した（1日1回給餌，給餌日数103日）．

最終取り揚げ時の12月には，いずれの区も体重100 g 以上に成長しており順調な成育結果を示したので，飼育をさらに翌年の5月まで継続したがほぼ同じ傾向で増重し200 g 前後に達した（図7·5）．最も成長が優れていたのは対照区で12月および5月の平均体重が121 g および220 g であった．SBM を配合すると成長がやや低下し，いずれも100 g および180 g 程度となった．しかし SBM のタイプによる差異も，DP と SDP による差も認められず，未処理の SBM と二軸エクストルーダーで処理した SBM あるいは SDP に加工した SBM のいずれもタンパク源として有効に利用可能であることがわかった．増肉係数は試験開始1ヵ月程は対照区で0.57，他区で0.60〜0.64といずれの飼料も優れていたが，全期間の通算では1.13〜1.33で，対照区がやや優れていた．摂餌性は試験飼料間で大差はなかったが，SBM 配合区でやや高い傾向がみられた．

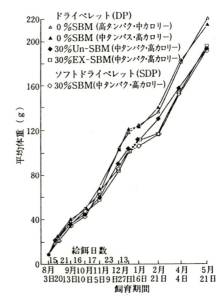

図 7·5　脱脂大豆粕 (SBH) 30%配合ドライペレット (DP) およびソフトドライペレット (SDP)によるマダイの飼育 (3×3×3 m いけす)
　　　On—SBM：未処理の SBH
　　　Ex—SBM：二軸エクストルーダー処理をした SBM

小型水槽 (100 l) での試験においてもほぼ同じ結果が得られた．対照飼料と SBM 飼料との飼育成績の差は飼料中の CP あるいはエネルギー含量の相違によるものと推察され，マダイの場合にも飼料組成の検討により SBM 飼料の性能の向上が可能であると思われた．

1·3　大豆油粕（ＳＢＭ）およびＳＢＭ配合飼料中栄養素の消化吸収率

SBM を30％, 40％および50％配合した SDP を製造し, SBM 中の CP, CL の消化吸収率および飼料栄養素の消化吸収率に及ぼす SBM 添加の影響を調べた. 酸化クロムを標識物とする間接法により測定したが, 採糞には海水魚用に新たに考案した採糞装置（図7·6）

を用いた. なお測定にはカラム I より得られた糞を使用した. SDP の CP および CL の消化吸収率は SBM の配合割合の影響を受けず, それぞれ85～86％および84～87％と高い値であった. また SBM 中の CP の消化吸収率も, SBM の配合割合に関わらず84～86％と高かった. SBM 中の炭水化物（グルコースとして加水分解されるもの）のそれは, 30％および40％の配合率で55～65％, 50％添加では45％へ低下した. また同じ内容の SDP（SBM 30～50％配合）を用いてヒラマサ, シマアジ, マダイでも測定したが, ブリの場合と同様に SBM 配合の有無にかかわらず CP, CL の消化吸収率は高い値が得られた[7]. 淡水魚と同様に海水魚における SBM タンパク質の利用性は優れているものと判断された.

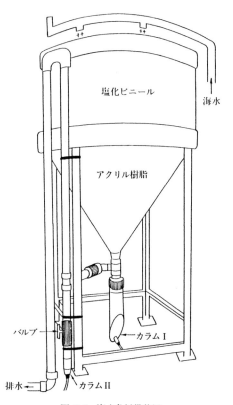

図 7·6　海水魚採糞装置

§2.　代替タンパク質の併用配合による利用性

タンパク源として SBM に次いで利用可能なものとしては CGM があげられる. EAA バランスを損なわない範囲内で, SBM と CGM を組み合わせ

て30〜40%の配合率（魚粉代替率46〜62%）で **SDP** を製造し，飼育試験を行った．その結果，**SBM** 単用よりも **CGM** と併用した方が EAA バランスもよく，代替タンパク質として優れていることがわかった．さらにその後2年間にわたる長期飼育試験により，**SBM，CGM** およびミートミール（**MM**）を組み合わせたタンパク源が実用的に有効であることが明らかとなった[8]．

　2・1 ブ リ　　淡水魚の場合と同様，**SBM** 単用よりも **CGM** との併用の方が利用性が高いことが明らかとなったが，飼料の CP 含量を高めるためには炭水化物含量を減らし CP 含量の高いタンパク原料を使用する必要があるので，**MM** との組み合せを検討してみた．**SBM** を20〜25%，**CGM** を5〜15%，**MM** を12%配合し，魚粉を54〜62%代替した **SDP** を作製した．炭水化物源としては小麦粉を8%のみとし，エクストルーダー処理の技術によりタンパク原料そのものを粘結材として利用することにした．また今までの **SBM** の利用性に関する研究の成果から，**SBM** 中の難消化性の炭水化物を低減し，CP 含量を高めれば **SBM** の利用性も向上するものと推察された．このような観点から CP が70%前後（乾物換算）の濃縮大豆タンパク質（**SPC**）（商品名 DANPRO-A）を50%配合した **SDP** を作製し **SPC** のタンパク源としての有効性についても検討を加えてみた．各試験飼料の EAA 組成をみると，リジンおよびメチオニンの含量が対照区の魚粉飼料より低かったが，リジン含量が最も低かった飼料にリジンを外割で 0.25 添加したのみで，他は補足添加しなかった．

　平均体重約30 g のブリを予備飼育し，140 g 前後に成長したものを海面の小割いけす（3×3×3 m）に 350 g 尾ずつ収容し，7月から10月まで84日間（給餌日数61日）を前期飼育期間，10月から12月まで61日間（給餌日数43日）を後期飼育期間として試験を実施した．給餌は1日1回，6回／週とし，毎月1回魚体重を調べるため各いけすの総重量を測定した．

　前期間の飼育成績を図7・7に示す．各区の摂餌状態は全般に活発であったが，**SPC** 配合区はやや劣る傾向がみられた．**SPC** は微粉末のため飼料の硬度が高くなり，水分がかなり低くなったためと推察された．成長は **SBM** 25%，**CGM** 5%および **MM** 12%を併用配合した区でやや劣り，リジンを添加した区（**SBM** 20%，**CGM** 15%，**MM** 12%）で最も優れていたが，その他の区

では大差なかった．増肉係数にも同様の傾向が みられた．すなわち EAA バ
ランスを損なわない範囲で代替タンパク質を組み合せ飼料の CP およびエネ
ルギー含量を高めてやれば，アミノ酸の補足添加なしで魚粉飼料に匹敵する性
能の飼料の製造が可能であることを示している．難消化性の炭水化物を減らし

CP 含量を高めた SPC を50％配合
した飼料もアミノ酸の補足なしに優
れた飼育成績を与え，大豆タンパク
質の利用性の高いこと が 示唆 され
た．

　しかし後期飼育期間では SPC 区
は成長および増肉係数が次第に低下
し，試験終了時には最も劣る結果と
なった．その他の区では前期におけ
る飼育成績をそのまま継続する傾向
を示した．SPC 区の成績がなぜ後
半になってから低下したのか不明で
あるが，ニジマスでは SPC を40％
以上配合すると成長が著しく低下す
ることが観察されているので（C.
Y. Cho 教授からの私信）SPC の
利用性については今後さらに検討す

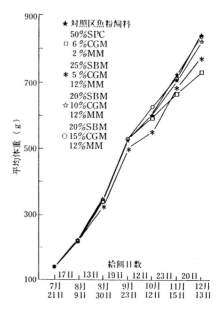

図 7·7　代替タンパク質配合ソフトドライペレッ
ト（SDP）によるブリの成長（給餌日数
104日間）（3×3×3 m いけす）

る必要があろう．平均体重42 g のブリを用いた水槽（500 *l*）試験においても
代替タンパク質併用配合の有効性が認められた．これら試験飼料のタンパク質
およびエネルギーの消化吸収率はいずれも86％以上の高い値を示し，代替タン
パク原料中のタンパク質および脂質の利用性が高いことがうかがわれた．

　これらの結果に基づいて，**SBM**, **CGM** および **MM** を併用配合し，魚粉を
50〜60％代替した実用 SDP を製造し，実際の養殖規模（10×10×8 m いけ
す×4面）での実用化試験を2年間にわたり実施した[9]．平均体重170 g のブ
リを8月から翌年の12月まで養殖した結果，対照区では4.7 kg に成長したが，
代替タンパク区では約4.0 kg と劣ったが，これは2年目の6〜7月にかけて

飼料の製造が間に合わず一時無給餌期間があったためと推察された. 長期飼育における成長, 生残, 増肉係数, 血液性状, 筋肉のレオロジー物性などから総合的に評価し, ブリ用 SDP の魚粉の40〜50%は上記のタンパク原料により代替可能であると判断された.

2・2　マダイ　　次ぎにブリの場合と同様に, マダイにおいても SBM (20〜30%), CGM (5〜20%) および MM (6〜12%) を組み合わせて EAA バランスを調整し, エクストルーダーにより高タンパク・高カロリーの DP に仕上げることにより, かなりの割合で代替タンパク源を利用できることが明らかとなった. 平均体重565 g のマダイを海面の小割いけす (3×3×3 m) に300尾ずつ収容し, 9月から12月まで (給餌日数65日) 飼育した. 対照区 (魚粉飼料) は752 g, 代替タンパク区は 744〜778 g の範囲にあり, 成長には大差なかった. 増肉係数は対照区で1.81, 試験区で1.65〜1.75と代替タンパク区で優れていた. 試験終了時に約60名のパネラーにより食味テストが実施された結果, 代替タンパク区のマダイは対照区と差がなく, 天然魚と比較しても遜色のない評価が得られた. ブリの場合と同様に, いずれの区の魚も生臭さがほとんど感じられず, 魚種を問わず EP, SDP で飼育した魚の大きな特徴となっている. このようにマダイにおいても SBM, CGM, MM などを組み合わせることにより, 魚粉を45%以上削減できることが明らかとなった. しかし代替タンパク配合飼料の栄養価は魚のサイズによって異なることが観察されているので, 実用化にあたっては注意を要するであろう.

その他, シマアジ, オオニベ, ヒラメなどにおいても DP を用いて同様の研究が行われており, 各種代替タンパク質の有効性が明らかにされつつある.

§3.　今後の課題

平成4年度に生産された約36万トンの養魚用配合飼料 (日本養魚飼料協会) において, 魚粉の配合率は約54%で依然として原料中に占める割合が最も高い. 一方, 同じ年に生産された約2600万トンの畜産用飼料では, 魚粉の配合率は1.8%にすぎず, 魚粉に対する依存性は極めて低い. これらの事実は畜産用飼料では魚粉は不可欠な原料ではなく, 近い将来養魚用飼料においても無魚粉あるいは低魚粉飼料が開発される可能性を示すものである. 魚粉以外のタンパ

96

ク原料を利用するとき，多くの場合，飼料の摂餌性の改善とアミノ酸の補足添加が必要となる．筆者らの実験では無魚粉 SDP の摂餌性および嗜好性は比較的大型の魚ではそれほど問題ではないが，小型の魚では劣ることをみている．また EAA の補足添加が必要となる場合，添加した EAA の利用性は飼料の形態や物性，換言すれば魚の消化管内における飼料の保形性や滞留時間などに左右されることが考えられる．さらに無魚粉や低魚粉飼料では魚粉由来の各種ミネラルの含量が減少するのでこの点の配慮も必要となる．将来，畜産用飼料と同様，魚類養殖においても低魚粉あるいは無魚粉飼料の開発が望まれるときがくると考えられるが，そのためには上述のような摂餌性や EAA の利用性などに関する基礎資料の集積が必要となるであろう．

文　献

1) S. J. Kaushik: Progress in Fish Wutrition (ed. by S. Y. Shiau), Keelung, Taiwan ROC, 1989, pp. 181–208.

2) D. M. Akiyama: Presented at the Korean feed association conference, August 1988, Seoul, Korea. American Soybean Association, p 15.

3) T. Watanabe, V. Viyakarn, H. Kimura K. Ogawa, N. Okamoto, and N. Iso: *Nippon Suisan Gakkaishi*, 58, 1761–1773 (1992). Progress in Fish Nutrition

4) L. G. Fowler: *Prog. Fish-cult.*, 42, 87 –91 (1980).

5) C. Ogino: *Nippon Suisan Gakkaishi*, 46, 171–174 (1980).

6) V. Viyakarn, T. Watanabe, H. Aoki, H. Tsuda, H. Sakamoto, N. Okamoto, N. Iso, S. Satoh, and T. Takeuchi. *Nippon Suisan Gakkaishi*, 58, 1991–2000 (1992).

7) 渡邉　武：魚類養殖対策調査事業報告書，全国かん水養魚協会，pp. 291–325, 1991.

8) 渡邉　武：魚類養殖対策調査事業報告書，全国かん水養魚協会，pp. 247–282, 1993.

9) 渡邉　武：魚類養殖対策調査事業報告書，全国かん水養魚協会，pp. 239–247, 1994.

8. 海水魚用ドライペレットにおける代替タンパク質の利用-Ⅱ

寺 田 昌 司*

㈱マリノフォーラム21の人工配合飼料研究会育成用飼料開発種目では，同会の委託事業において，魚紛の代替タンパク質源として，肉骨紛 (MBM)，フェザーミール (PFM)，コーングルテンミール (CGM)，大豆油粕 (SBM) などを使用した実用的飼料の開発を行ってきた．この試験結果を報告し，これらの原料の有効性について，原料ごとに明らかにしたい．

飼育試験は熊本県水産研究センター，福島県水産種苗研究所，和歌山県水産増殖試験場において実施した．

§1. 原料成分等および試験飼料製造法

試験に使用した主要原料の成分を表8・1に示す．またビタミン混合物とミネラル混合物の成分組成を表8・2と8・3に示す．沿岸魚粉は国内で生産されているものを使用した．MBMは魚粉に比べ粗脂肪量が高いのが特徴である．PFMは高タンパク質原料であることが特徴となっている．CGMは魚粉とほぼ同等のタンパク質量であるが，植物性原料としては，高タンパク質原料である．SBMは粗タンパク質45.5%となっているが，ロットによっては50%近いものもあり，また生産量が多いこともあり有望な代替タンパク質源と思われる．ビタミン混合物は，竹田ら[1] のブリの要求量に関する研究に基づくビタミン推奨量から，アスコルビン酸を除いた処方である．ビタミンC源としては，アスコルビン酸2リン酸マグネシウムエステル (APM) を使用した．ミネラル混合物は，竹田ら[1] の研究で使用している主成分組成に荻野処方[2] の微量要素を添加したものである．

以後報告する試験用飼料はすべて一軸または二軸のエクストレーダーで造粒したドライペレット (EP) である．

* 富士製粉株式会社

表 8·1　試験原料の一般成分分析値

	沿岸魚粉	ミートボーンミール	フェザーミール	コーングルテンミール	大豆油粕
水　分　　(%)	8.0	5.5	0.9	8.9	12.1
粗タンパク質(%)	69.6	48.8	85.4	69.1	45.5
粗脂肪　　(%)	7.9	16.3	7.9	1.2	1.3
粗灰分　　(%)	15.6	22.7	1.3	3.3	6.2

表 8·2　ビタミン混合物組成（有効成分名および含量，賦形物質など）

有　効　成　分　名	含　量（1kg 中）
ビタミンA油	675,000 I. U
ビタミンD₃油	60,000 I. U
酢酸 dl-α-トコフェロール	29,333 mg
メナジオン亜硫酸水素ナトリウム	2,566 mg（メナジオン：1,600 mg）
硝酸チアミン	800 mg
リボフラビン	1,466 mg
塩酸ピリドキシン	800 mg
ニコチン酸	2,400 mg
D-パントテン酸カルシウム	4,667 mg
イノシトール	56,333 mg
ビオチン	47 mg
葉　　　酸	800 mg
塩化コリン	194,666 mg
シアノコバラミン	10,667 mg
賦形物質	
米ぬか油粕	残　量

表 8·3　ミネラル混合物組成（有効成分名および含量，賦形物質など）

有　効　成　分　名	含量（1 kg 中）	備　　　　考
リン酸2水素カリウム（乾燥）　KH₂PO₄	206,000 mg	
リン酸2水素カルシウム　Ca(H₂PO₄)₂·H₂O	309,000 mg	第一リン酸カルシウム
乳酸カルシウム　CaH₁₀CaO₆	141,000 mg	
複合アミノ酸鉄	83,000 mg	エーザイ品アミテツ使用
硫酸亜鉛　ZnSO₄·H₂O	5,550 mg	(Zn：2,022 mg)
硫酸マンガン　MnSO₄	3,150 mg	(Mn：1,146 mg)
硫酸銅（結晶）　CuSO₄·5H₂O	1,000 mg	(Cu：254.5 mg)
塩化コバルト　CoCl₂·6H₂O	30 mg	(試　薬)
ヨウ素酸カリウム　KIO₃	70 mg	(試　薬)
賦形物質		
米ぬか油粕	残　量	

$*$：ブロミール（P：23%，Ca：16%）使用

Ca(H₂PO₄)₂·H₂O 中の含量（P：24.58%，Ca：15.9%）

§2. 肉骨粉（MBM）

ヒラメ当歳魚に対する MBM の有効性を検討するため，表 8·4 に示す飼料を作成した．試験飼料は両区ともほぼ同等の成分量であり，ブリで報告されて

表 8·4　ヒラメ当歳魚に対する肉骨粉の有効性試験（試験飼料の原料組成と成分量）

	I	II
沿岸魚粉 （%）	55.88	55.88
大豆油粕	10.0	—
肉骨粉	—	10.0
活性グルテン	3.0	3.0
肝臓粉末	1.0	1.0
トルラ酵母	1.0	1.0
ガーリック粉末	0.1	0.1
β-でんぷん	18.5	19.1
ビタミン混合物	5.0	5.0
ミネラル混合物	4.0	4.0
APM	0.02	0.02
クラ肝油	9.0	8.4
合　計	107.5	107.5
粗タンパク質 （%）	48.2	48.8
粗脂肪 （%）	13.7	13.5
粗灰分 （%）	11.8	13.3
粗繊維 （%）	0.7	0.5
粗糖質 （%）	23.1	22.6
エネルギー量 （kcal/kg）	3912	3909
C/P 比	81.2	80.1

いる計算値に基づくエネルギー量もほぼ等しく，C/P 比は 81.2 と 80.1 であった．

　以上の飼料を給与して，平均体重 19.5 g の人工種苗のヒラメ当歳魚を 60 日間飼育した結果は，表 8·5 に示したとおりである．MBM 配合区では，終了時の平均体重がやや小さかったものの，飼料効率はよく，ヒラメ当歳魚に対し，MBM は魚粉を 10% 代替することが可能であると判断された．

§3. フェザーミール（PFM）

　ブリ当歳魚に対する PFM の有効性を検討するため表 8·6 に示す飼料を作成した．SBM を 15% 配合した飼料からさらに，魚粉を 16% フェザーミールで代

表 8·5　ヒラメ当歳魚に対する肉骨粉の有効性試験（飼育方法の概要と飼育成績）

	I	II
供 試 魚	当歳人工種苗（平均全長 12.8±0.1cm，平均体重 19.5±1.4g）	
飼 育 水 槽	0.5トン FRP 水槽（水量 0.25m³）	
飼 育 水	自 然 海 水（砂沪過海水）	
平 均 水 温 （℃）	20.4（17.6～23.5）	
給 餌 回 数	朝および夕方の計2回	
飼 育 期 間	平成5年8月24日～10月22日（60日間）	
供 試 尾 数 （尾）	150	150
開始時平均体重 （g）	19.5	19.5
終了時平均体重 （g）	101.1	98.6
死 亡 尾 数 （尾）	0	0
増 重 量 （g）	12240.0	11785.9
給 餌 量 （g）	9136.1	8591.5
飼 料 効 率 （%）	134.0	137.2
増 肉 係 数	0.75	0.73
日間増重率 （%）	2.7	2.6
日間給餌率 （%）	2.1	2.0

表 8·6　ブリ2歳魚に対するフェザーミールの有効性試験（試験飼料の原料組成と成分量）

	I	II	MP
沿 岸 魚 粉 （%）	50.0	30.0	イカナゴ市販配合飼料＝5：5
で ん ぷ ん	3.0	3.0	
小 麦 粉	5.42	7.42	
大 豆 油 粕	15.0	15.0	
フェザーミール	—	16.0	
リ ジ ン	—	1.0	
フィードオイル	21.0	22.0	
ビタミン混合物	3.0	3.0	
APM	0.05	0.05	
ミネラル混合物	2.5	2.5	
エトキシキン	0.03	0.03	
合 計	100.0	100.0	
水 分 （%）	10.3	8.5	36.4
粗タンパク質 （%）	40.2	41.1	31.1
粗 脂 肪 （%）	23.8	24.4	19.1
粗 灰 分 （%）	10.3	7.8	7.0
エネルギー量 （kcal/kg）	4144	4311	3107
C/P 比	103	105	100
APM （ppm）	402	431	207
ビタミンE （ppm）	820	900	390

表 8·7　ブリ2歳魚に対するフェザーミールの有効性試験（飼育方法の概要と飼育成績）

	I	II	MP
供 試 魚	ブリ2歳魚（市販 EP 飼料で馴致）		
飼育網いけす	4.5 m×4.5 m×4 m		
水 温 （℃）	21.5〜28.5		
給 餌 方 法	1日1回飽食量を給餌		
飼 育 期 間	平成3年6月28日〜9月20日（85日間）		
供試尾数 （尾）	112	110	110
開始時平均体重 （kg）	1.32	1.34	1.29
終了時平均体重 （kg）	2.55	2.56	2.49
死亡尾数 （尾）	5	9	10
生 残 率 （％）	95.5	91.8	90.9
増 重 量 （kg）	124.65	111.51	106.51
給 餌 量 （kg）	293.7	292.8	425.7
飼 料 効 率 （％）	42.4	38.1	25.1
乾物飼料効率 （％）	47.3	41.6	39.3
日間給餌率 （％）	2.17	2.22	3.35

表 8·8　ブリ当歳魚に対するフェザーミールの有効性試験
（試験飼料の原料組成と成分量）

	I	II	III	IV
沿 岸 魚 粉 （％）	50.0	50.0	44.0	38.0
フェザーミール	—	10.0	15.0	20.0
大 豆 油 粕	15.0	—	—	—
L−リジン	—	0.7	1.0	1.3
DL−メチオニン	—	0.5	0.5	0.5
小 麦 粉	12.94	20.74	21.44	22.14
生でんぷん	5.0	5.0	5.0	5.0
フィードオイル	12.0	8.0	8.0	8.0
ビタミン混合物	3.0	3.0	3.0	3.0
APM	0.03	0.03	0.03	0.03
ミネラル混合物	2.0	2.0	2.0	2.0
エトキシキン	0.03	0.03	0.03	0.03
合 計	100.0	100.0	100.0	100.0
水 分 （％）	3.66	2.38	2.88	3.24
粗タンパク質 （％）	46.46	50.18	50.05	50.89
粗 脂 質 （％）	18.50	15.40	14.75	13.00
粗 灰 分 （％）	10.07	9.51	8.81	8.17
エネルギー量 （kcal/kg）	4167.4	4120.9	4090.5	4021.7
C/P 比	89.7	82.1	81.7	79.0

替した飼料では，リジン含量が低くなるため L-リジンを 1％補足した．

本試験ではモイストペレット（MP，イカナゴ：市販粉末飼料＝5：5）給与も行ったので併せて報告する．

PFM 配合区では粗タンパク量，粗脂肪量ともやや高いためエネルギー量，C/P 比が若干高くなっている．以上の飼料を給与して，ブリ 2 歳魚を 85 日間飼育した結果は，表8·7に示すとおり，EP 区の飼育成績はいずれも MP 区よりも優れていた．

PFM 配合区では，飼料効率はやや劣ったものの成長は対照区と変わらず，ブリ 2 歳魚では PFM は SBM 15％ と併用で，16％配合することが可能で，飼料中の魚粉量を30％まで低減できることがわかった．

またモジャコ期のブリに対する PFM の魚粉代替許容量を検討するため，表

表 8·9　ブリ当歳魚に対するフェザーミールの有効試験（飼育方法の概要と飼育成績）

		I	II	III	IV
供 試 魚		ブリ当歳魚（市販 EP 飼料で馴致した．天然モジャコ）			
飼 育 水 槽		2.7トン（水量2.5トン）楕円形 FRP 水槽			
飼 育 水		沪 過 海 水			
平 均 水 温（℃）		20.4（17.6〜23.5）			
給 餌 回 数		朝および夕方の計2回			
飼 育 期 間		平成5年7月12日〜8月22日，8月23日〜10月3日（計84日間）			
供 試 尾 数（尾）		55	55	55	55
開始時平均体重（g）		24.3	23.3	24.4	24.6
終了時平均体重（g）	I期	115.3	153.5	128.1	130.9
	II期	246.9	304.2	282.1	298.5
死 亡 尾 数（尾）	I期	0	1	3	2
	II期	3	10	5	4
生残率（全期）（％）		94.5	81.8	90.9	92.7
増 重 量（g）	I期	4664.1	5642.4	5255.8	5438.7
	II期	7400.7	8819.8	8089.3	8963.9
全 期 間		12064.8	14462.2	13345.1	14402.6
給 餌 量（g）	I期	4823	5603	5222	5354
	II期	10535	12498	12995	13718
	全期間	15358	18101	18177	19063
飼 料 効 率（％）	I期	96.7	100.7	100.6	101.8
	II期	70.2	70.6	62.4	65.3
	全期間	78.6	79.9	73.4	75.6
日間増重率（％）		3.41	3.61	3.52	3.59
日間給餌率（％）	I期	4.24	4.40	4.24	4.23
	II期	3.88	3.94	4.43	4.39

8·8に示す飼料を作成した．PFM 配合飼料では，L-リジンと DL-メチオニン
を補足した．SBM 15％配合区では，他区に比べ粗タンパク質量が低いが，粗
脂肪量はやや高く，エネルギー量と C/P 比は最も高くなった．

以上の飼料を給与して，ブリ当歳魚を84日間飼育した結果は，表8·9に示す
とおりである．飼料効率は PFM 10％配合飼料は SBM 15％配合飼料よりや
や優れているが，PFM の含量を15％，20％と増加するとやや低下した．しか
し成長はいずれも PFM 配合飼料区で優れていた．エネルギー含量は SBM 配
合飼料が最も高かったにもかかわらず，PFM 飼料区の成長がよかったのは，
PFM 由来のタンパク質がよく利用されたものと推察された．以上の結果よ
り，ブリ当歳魚では PFM は魚粉を20％代替することが可能であり，飼料中の

表 8·10 ブリ 2 歳魚に対するコーングルテンミールの有効性試験
（試験飼料の原料組成と成分量）

	1 区	2 区	3 区	4 区	5 区	6 区	7 区	8 区
沿岸魚粉（％）	65.0	55.0	50.0	45.0	36.0	45.0	36.0	42.0
コーングルテンミール	—	10.0	15.0	20.0	30.0	20.0	20.0	15.0
オキアミミール	—	—	—	—	—	—	10.0	—
大豆油粕	—	—	—	—	—	—	—	15.0
小麦粉	19.97	19.47	18.97	18.97	16.47	19.97	17.47	9.97
フィードオイル	10.0	10.0	10.0	10.0	11.0	10.0	10.0	11.0
ビタミン混合物	3.0	3.0	3.0	3.0	3.0	3.0	3.0	3.0
APM	0.03	0.03	0.03	0.03	0.03	0.03	0.03	0.03
ミネラル混合物	2.0	2.0	2.0	2.0	2.0	2.0	2.0	2.0
L-リジン	—	0.5	1.0	1.0	1.5	—	1.5	1.5
DL-メチオニン	—	—	—	—	—	—	—	0.5
合　計	100.0	100.0	100.0	100.0	100.0	100.0	100.0	100.0
水　分（％）	7.3	7.5	8.0	7.6	9.4	7.2	6.8	7.3
粗タンパク質（％）	51.2	51.5	50.2	50.7	51.7	51.4	51.0	48.7
粗脂肪（％）	14.5	14.8	14.0	14.0	13.3	13.8	15.1	13.8
粗灰分（％）	11.9	10.7	9.6	9.2	7.8	8.7	8.5	8.7
粗繊維（％）	1.0	0.7	1.1	1.2	1.1	1.2	1.5	1.6
エネルギー量 (kcal/kg)	3858.8	3915.9	3857.8	3885.9	3858.1	3912.6	3981.8	3852.7
C/P 比	75.4	76.0	76.8	76.6	74.6	76.1	78.1	79.1
カルシウム（％）	2.85	2.47	2.25	2.08	1.72	1.98	1.86	1.88
リン（％）	2.18	1.93	1.71	1.71	1.51	1.69	1.34	1.53
APM (mg ％)	19.6	16.6	16.5	19.5	19.0	16.4	20.7	19.8

魚粉量を38%にまで低減できることが明らかとなった.

§4. コーングルテンミール（CGM）

ブリ当歳魚に対する CGM の魚粉代替許容量を調べるとともに，アミノ酸添加による利用率改善効果を検討するため，表8·10に示す8種の飼料を作成した．魚粉配合率を65%とした基本飼料の魚粉を，CGM で10～30%代替し，それぞれ L-リジンを補足した．6区の飼料はアミノ酸の補足効果を検討する対照区として無添加とした．また CGM を配合することにより，摂餌低下がみられることがあったため，7区の飼料にはオキアミミールを10%添加し，摂餌性が改善されるかどうかを検討した．SBM 併用の8区の飼料には，L-リジンと DL-メチオニンを補足した．8区の飼料は SBM 使用の影響で，粗タンパク含量が他区に比べやや低いが，その他の成分は各区ともほぼ等しく，C/P 比も近い値となった．

以上の飼料を給与して，ブリ当歳魚を80日間飼育した結果は表8·11に，血液性状の検査結果は表8·12に示す．

表 8·11　ブリ2歳魚に対するコーングルテンミールの有効性試験
（飼育方法の概要と飼育成績）

	1 区	2 区	3 区	4 区	5 区	6 区	7 区	8 区
供 試 魚	ブリ2歳魚（平成4年産天然モジャコ，和歌山県白浜養殖業者養成）							
飼育網いけす	3m×3m×3m の海面いけす							
水　温（℃）	22.5～27.5							
給 餌 方 法	1日午後1回飽食と思われる量を給与した							
飼 育 期 間	平成5年8月9日～10月27日（80日間）							
供試尾数（尾）	62	65	63	62	64	65	60	58
開始時平均体重（g）	1485.5	1424.6	1468.3	1508.1	1484.1	1441.5	1540.0	1598.3
終了時平均体重（g）	2466.0	2300.0	2449.1	2378.8	2380.8	2339.7	2272.2	2567.3
死 亡 尾 数（尾）	3	3	4	4	8	3	1	1
死 亡 重 量（kg）	3.6	3.7	5.8	3.8	13.0	6.3	1.2	1.1
生 残 率（%）	95.2	95.4	93.7	93.5	87.5	95.4	98.3	98.3
増 重 量（kg）	52.8	50.5	52.2	42.4	50.2	57.2	40.3	51.4
給 餌 量（kg）	125.5	132.2	132.4	130.2	138.9	141.0	135.6	138.9
飼 料 効 率（%）	42.1	38.2	39.4	32.6	36.1	40.6	29.7	37.0
増 肉 係 数	2.38	2.62	2.54	3.07	2.77	2.47	3.36	2.70
日間成長率（%）	0.59	0.56	0.59	0.49	0.56	0.06	0.47	0.57
日間給餌率（%）	2.05	2.15	2.13	2.18	2.24	2.16	2.25	2.15

　取り揚げ時の平均体重では8区が最も大きく，成長は SBM 併用飼料区が優れていた．死亡魚は5区の CGM 30％配合飼料区が最も多く，他区の2倍以上となった．飼料効率は1区，6区，3区，2区，8区がよく，4区，7区，5区はやや劣っていた．CGM を20％配合し，アミノ酸を補足しなかった6区の飼育成績は，アミノ酸を補足した4区より優れていた．オキアミミールを配

表 8·12　ブリ2歳魚に対するコーングルテンミールの有効性試験

		開始時 (n=9)	終 了 時　(n=10)							
			1 区	2 区	3 区	4 区	5 区	6 区	7 区	8 区
Ht	(%)	45.9 ±3.9	46.1 ±3.7	49.6 ±2.5	47.5 ±3.4	51.2 ±4.5	40.9 ±13.8	48.9 ±2.8	50.8 ±3.0	47.3 ±9.9
Hb	(g/dl)	10.3 ±0.8	6.8 ±0.7	7.4 ±0.8	7.6 ±0.5	7.8 ±1.0	6.9 ±1.4	7.9 ±0.6	7.8 ±0.7	7.3 ±1.1
TP	(g/dl)	4.8 ±0.4	4.1 ±0.3	4.2 ±0.3	4.0 ±0.3	4.5 ±0.4	3.8 ±0.6	4.0 ±0.3	4.3 ±0.3	4.2 ±0.2
GLU	(mg/dl)	122.0 ±17.5	106.6 ±13.5	111.9 ±6.1	101.6 ±16.1	111.2 ±14.5	102.7 ±9.3	96.8 ±7.8	105.9 ±7.9	133.4 ±65.4
T-Cho	(mg/dl)	275.7 ±33.0	291.9 ±32.9	292.3 ±25.7	267.1 ±22.7	285.5 ±30.9	213.3 ±61.5	264.1 ±18.6	269.9 ±20.4	267.6 ±48.4
ALP	(IU/l)	42.9 ±14.2	31.3 ±9.7	30.8 ±9.6	35.1 ±4.5	31.4 ±6.8	42.6 ±21.7	31.0 ±4.9	34.3 ±6.5	34.8 ±16.1
TG	(mg/dl)	113.4 ±52.7	243.6 ±66.0	178.7 ±67.7	127.5 ±34.5	205.2 ±51.1	104.9 ±37.3	136.7 ±51.9	158.8 ±59.6	122.2 ±41.8
BUN	(mg/dl)	16.2 ±3.0	20.7 ±2.5	23.2 ±4.0	19.6 ±3.5	19.8 ±4.3	14.1 ±6.9	16.9 ±2.5	17.8 ±1.5	17.8 ±5.0
GOT	(IU/l)	41.6 ±12.9	46.4 ±14.5	44.2 ±12.9	45.7 ±10.6	42.7 ±11.2	35.9 ±17.7	38.9 ±11.5	27.8 ±12.6	31.0 ±12.8
GPT	(IU/l)	8.6 ±1.0	6.7 ±0.9	7.3 ±0.9	7.3 ±0.6	7.6 ±1.3	25.9 ±24.3	6.9 ±0.8	6.2 ±0.2	7.9 ±1.6

合した7区の飼料では，他区に比べ若干摂餌性の改良は認められたが，成長も飼料効率もよくなく，その添加効果は認められなかった．
　血液性状の検査結果ではCGM 30％配合の5区で，他区に比べヘマトクリット値が低く貧血の傾向が認められたほか，GPT 値もかなり高い値を示した．5区では死亡魚も多かったことから，CGM 30％配合は問題があると思われた．

以上の結果より，ブリ2年魚に対する CGM の魚粉代替許容量は，20%の可能性も考えられるが，現段階では15%程度が安全であると思われる．また CGM 使用にあたっては L-リジンの補足添加だけでは利用性を改善する効果はないと思われた．

§5. 大豆油粕（SBM）

ヒラメ当歳魚に対する SBM の有効性を検討するため表8・13に示す飼料を作成した．Ⅱ区，Ⅲ区の飼料では魚粉の20%を SBM で置換した．Ⅲ区飼料はア

表 8・13 ヒラメ当歳魚に対する大豆油粕の有効性試験（試験飼料の原料組成と成分分量）

	I	II	III
沿 岸 魚 粉 （%）	55.88	45.88	45.03
大 豆 油 粕	10.0	20.0	20.0
活性グルテン	3.0	3.0	3.0
肝 臓 粉 末	1.0	1.0	1.0
ト ル ラ 酵 母	1.0	1.0	1.0
ガーリック粉末	0.1	0.1	0.1
6-でんぷん	18.5	17.0	17.0
ビタミン混合物	5.0	5.0	5.0
ミネラル混合物	4.0	4.0	4.0
APM	0.02	0.02	0.02
アミノ酸混合物	—	—	0.85
タ ラ 肝 油	9.0	10.5	10.5
合　　　　計	107.5	107.5	107.5
粗タンパク質 （%）	48.2	47.4	47.5
粗 脂 肪 （%）	13.7	14.1	14.0
粗 灰 分 （%）	11.8	11.2	11.1
粗 繊 維 （%）	0.7	1.3	1.3
粗 糖 質 （%）	23.1	23.2	23.3
エネルギー量 （kcal/kg）	3912	3911	3910
C/P 比	81.2	82.5	82.3

ミノ酸混合物の添加による摂餌性改善を計る目的で，プロリン0.13%，アラニン0.07%，イノシン酸0.5%，ベタイン0.5%を添加した．Ⅱ区，Ⅲ区とも，SBM の配合量の増加によるエネルギー量の低下を補うため，タラ肝油の添加量を多くした．各試験飼料の成分量をみると，Ⅰ区は粗タンパク質がやや高く，粗脂肪量が低いが，エネルギー含量は各区ほぼ同じであった．

　以上の飼料を給与して，平均体重 19.5 g の人工種苗のヒラメ当歳魚を60日間飼育した結果は，表8・14に示した通りである．SBM 20％の配合区は，10％配合区と成長，飼料効率とも差がなかった．またアミノ酸混合物の添加によって，摂餌率の改善はみられず成長，飼料効率とも無添加区と同じ値であった．

表 8・14　ヒラメ当歳魚に対する大豆油粕の有効性試験（飼育方法の概要と飼育成績）

	Ⅰ	Ⅱ	Ⅲ
供　試　魚	当歳人工種苗（平均全長12.8±0.1cm，平均体重19.5±1.4g）		
飼　育　水　槽	0.5 トン FRP 水槽（水量 0.25m³）		
飼　育　水	自然海水（砂沪過海水）		
平　均　水　温　（℃）	20.4（17.6〜23.5）		
給　餌　回　数	朝および夕方の計 2 回		
飼　育　期　間	平成 5 年 8 月24日〜10月22日（60日間）		
供 試 尾 数　（尾）	150	150	150
開始時平均体重　（g）	19.5	19.5	19.5
終了時平均体重　（g）	101.1	101.3	100.7
死 亡 尾 数　（尾）	0	1	1
尾 数 歩 留　（％）	100	99.3	99.3
増 重 量　（g）	12240.0	12290.5	12009.7
給 餌 量　（g）	9136.1	9093.7	8936.4
飼 料 効 率　（％）	134.0	135.2	134.4
増 肉 係 数	0.75	0.74	0.74
日間増重率　（％）	2 7	2.7	2.7
日間給餌率　（％）	2.1	2.1	2.1

　以上のことより，ヒラメ当歳魚では，魚粉の20％を SBM で代替することが可能であり，この程度の配合率では，摂餌性に影響がないことがわかった．

表 8・15　平成元年〜5年度マリノフォーラム21における
代替タンパク質源の有効性試験結果まとめ

原　料　名	対象魚	利　　用　　性
ミートボーンミール	ヒラメ	魚粉に対し，10％の代替が可能である．
フェザーミール	ブ　リ（2 年魚）	大豆油粕15％と併用で，魚粉に対し16％代替可能で，魚粉を30％削減（配合率30％）できる．
	ブ　リ（当歳魚）	魚粉に対し，20％の代替が可能である．
コーングルテンミール	ブ　リ（2 年魚）	魚粉に対し，15％の代替が可能である．（30％以上の代替は，問題がある）．リジンの単体添加では，その利用性を改善することはできなかった．
大 豆 油 粕	ヒラメ	魚粉に対し，20％の代替が可能である．

　以上の結果を表8・15にまとめた．それぞれの原料について，単品でかなりの割合で魚粉を代替することが可能であることが判明してきた．今後はこれらの原料の併用による代替率の拡大も検討課題となると思われる．以上の結果だけでも，有効にかつ安全に魚粉の代替が可能であることは明らかであるが，いまだ積極的に市販飼料に実用化するにはいたっていない．今後はこれまでに集積されてきた飼料を実用飼料に応用し，これからの市販飼料の安定供給，コストの安定化などのため，これらの代替タンパク質源を有効利用する努力が必要であろう．

文　献

1) 示野貞夫・細川秀毅・森江　整・竹田正彦・宇川正治：水産増殖，**40**，51-56(1992).

2) 荻野珍吉・竹内レビエン・武田　博・渡邉武：日水誌，**45**，1527-1533 (1979).

9. 甲殻類用微粒子飼料における代替タンパク質の利用

金 沢 昭 夫*

§1. 微粒子飼料

甲殻類，とくにクルマエビ類の幼生はふ化後，ノープリウス期，ゾエア期およびミシス期など，短時間に著しい変態を繰り返しながら成長するが，これら甲殻類幼生の初期餌料としては，珪藻，緑藻など単細胞藻類およびアルテミアなどの動物プランクトンが生物餌料として広く用いられている．しかしながら，生物餌料の培養飼育には，大規模な設備や労力を要し，生産された生物餌料も栄養的欠陥または生物餌料に混在する病原菌のため，幼生の奇形や大量へい死を引き起こす場合も多い．

最近，種苗生産増大のため，カッパーカラゲナンなどをバインダーとする浮遊性を有し，給餌後水中では飼料の栄養素が溶出せず，摂餌後消化管で栄養素が消化吸収される栄養価の高い微粒子飼料が開発され，生物餌料に代わる配合飼料として，クルマエビ (*Penaeus japonicus*) やウシエビ (*Penaeus monodon*) をはじめ世界各地のエビ類種苗生産に用いられている[1~5]．

§2. タンパク質要求

クルマエビ幼生の微粒子飼料におけるタンパク質至適添加量は，ミルクカゼインをタンパク質源とし，カラゲナンをバインダーとする精製微粒子飼料を用いた場合50%である．またクルマエビ幼生の成長および生残におよぼす飼料タンパク質，脂質および炭水化物レベルの影響をみると，クルマエビ幼生に対する至適タンパク質レベルは，飼料中の炭水化物レベルによって異なるが，脂質レベルでは変動しない．クルマエビ幼生に対する至適タンパク質レベルは，飼料中の炭水化物レベルが25%，15%および5%の場合は，それぞれ約45%，45~55%および55%以上である[6]．

---

* 鹿児島大学水産学部

§3. コーングルテンミールおよびフェザーミールの利用

エビ類種苗生産用微粒子配合飼料のタンパク質源を検索するために，まずクルマエビ幼生の体タンパク質の必須アミノ酸を分析し，タンパク質源の素材を

表 9·1 クルマエビ幼生微粒子飼料の組成

組　　成	飼　料（%）		
	1	2	3
コーングルテンミール	16.3	16.3	24.0
フェザーミール	—	15.0	23.6
ブラウンフィッシュミール	42.7	42.7	—
酵母粉末	20.0	—	—
オキアミミール	—	—	28.0
炭水化物	7.0	7.0	7.0
スケトウタラ肝油	4.0	4.0	4.0
大豆レシチン	2.0	2.0	2.0
n-3 高度不飽和脂肪酸*	0.5	0.5	0.5
コレステロール	0.5	0.5	0.5
ビタミン混合物**	3.0	3.0	3.0
ミネラル混合物***	3.0	3.0	3.0
セルロース	0.6	5.3	4.3
L-アルギニン	0.4	0.7	0.1
合　　計	100.0	100.0	100.0

　* エスター85
　** 6)
　*** 6)
κ-カラゲナンは，乾物飼料 100 g 当たり 5 g 添加した.

表 9·2 クルマエビ幼生微粒子飼料のタンパク質中の必須アミノ酸残基量

必須アミノ酸	飼　料（%）		
	1	2	3
メチオニン	1.28	1.36	1.26
スレオニン	1.74	1.81	1.84
バリン	2.43	2.52	2.49
イソロイシン	2.12	2.03	2.14
ロイシン	4.17	4.00	3.62
フェニールアラニン	2.43	2.31	2.28
ヒスチジン	1.28	1.09	1.10
リジン	3.41	2.73	3.17
トリプトファン	0.33	0.23	0.30
アルギニン	2.91	2.84	3.41

数種選択し，クルマエビ幼生の体タンパク質必須アミノ酸の比に近い素材の組合せを算出する方法が用いられている．この方法によると，植物性タンパク質は，アルギニン，メチオニン，リジン，トリプトファンなどが，甲殻類に対して制限アミノ酸となるが，数種のタンパク質素材を混合することにより，不足必須アミノ酸を補足することができる．

　例えばタンパク質源として，コーングルテンミール16.3％＋ブラウンフィッシュミール42.7％＋酵母粉末20.0％と，コーングルテンミール16.3％＋フェザーミール15.0％＋ブラウンフィッシュミール42.7％と，コーングルテンミール24.0％＋フェザーミール23.6％＋オキアミミール28.0％の3種の微粒子飼料（表9·1）は，必須アミノ酸が近似している（表9·2）．これら微粒子飼料の栄養価を試験するため，クルマエビ幼生のゾエア1を1*l*水槽に200尾ずつ収容し，28.0±1.0℃でポストラーバ1まで飼育した．微粒子飼料のサイズは，ゾエア1～ゾエア2：53*μ*m以下，ゾエア2～ゾエア3：53～125*μ*m，ゾエア3～ミシス2：125*μ*m，ミシス2～ポストラーバ1：250*μ*mを用いた．給餌

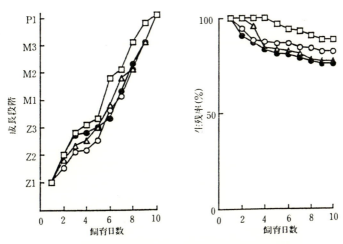

図 9·1　クルマエビ幼生の成長，生残に対する微粒子飼料中の
コーングルテンミールおよびフェザーミールの効果
　　　　─○─　対照区（生物餌料：*Chaetoceros*＋*Artemia*）
　　　　─●─　飼料1
　　　　─△─　飼料2
　　　　─□─　飼料3

量はゾエア1～ゾエア3：0.16mg/尾/日，ミシス1～ミシス3：0.20mg/尾/日，ポストラーバ1：0.24mg/尾/日とした．給餌回数は2回／日とし，換水は毎日全換水とした．タンパク質源は異なるが，必須アミノ酸は近似した3種の微粒子飼料で，クルマエビ幼生を11日間飼育した結果，生物餌料および3種の微粒子飼料は同等の成長および生残を示している（図9·1）[7]．

§4. 大豆油粕の利用

鶏卵黄粉末を主体にし，オキアミミール，ホワイトフィッシュミール，スキムミルク，イカミール，ブラウンフィッシュミール，酵母粉末などをタンパク質源とした組合せにおいて，大豆油粕を0，5.5，13.8および19.3％添加した飼料1，2，3および4を比較すると（表9·3および9·4），大豆油粕13.8％添加区までは，良好な成長および生残を示すが，大豆油粕19.3添加区では，成長指数および生残が低下している（表9·5）[8]．

表9·3　クルマエビ幼生微粒子飼料の組成

組　成	飼　料（％）			
	1	2	3	4
大豆油粕	—	5.5	13.8	19.3
鶏卵黄粉末	20.0	17.4	17.4	17.4
オキアミミール	15.0	8.4	8.4	8.4
ホワイトフィッシュミール	—	—	12.5	12.5
スキムミルク	15.0	3.1	—	—
イカミール	10.0	11.0	5.5	9.2
ブラウンフィッシュミール	—	19.1	11.4	—
酵母粉末	10.0	9.4	2.3	2.3
コーングルテンミール	—	1.4	—	—
アサリエキス	4.0	4.0	4.0	4.0
スケトウタラ肝油	7.0	7.0	7.0	7.0
大豆レシチン	3.0	3.0	3.0	3.0
コレステロール	0.5	0.5	0.5	0.5
ビタミン混合物	6.0	6.0	6.0	6.0
ミネラル混合物	4.0	4.0	4.0	4.0
セルロース	5.5	0.2	4.2	6.4
合　計	100.0	100.0	100.0	100.0
κ-カラゲナン	5.0	5.0	5.0	5.0
カツオ精巣（生鮮）	25.0	25.0	25.0	25.0

表 9·4　クルマエビ幼生および微粒子飼料中のメチオニンを1.00とした
時の各必須アミノ酸残基の比

必須アミノ酸	クルマエビ幼生	飼　料（％）			
		1	2	3	4
メチオニン	1.00	1.00	1.00	1.00	1.00
スレオニン	1.16	1.22	1.41	1.40	1.36
バ リ ン	1.44	1.52	1.66	1.68	1.64
イソロイシン	1.44	1.35	1.48	1.53	1.53
ロイシン	2.46	2.17	2.51	2.51	2.48
フェニールアラニン	1.28	1.39	1.56	1.52	1.49
ヒスチジン	0.69	0.70	0.89	0.88	0.81
リ ジ ン	2.62	2.40	2.76	2.75	2.63
トリプトファン	1.27	0.83	1.14	1.09	1.02
アルギニン	3.53	2.96	3.23	3.37	3.41

表 9·5　クルマエビ幼生の生残および成長に対する微粒子
飼料中の大豆油粕の効果

飼料	飼育日数（日）	生残率（％）	成長指数*
1- a	10	91	7.0
b	10	89	7.0
2- a	10	94	7.0
b	10	90	7.0
3- a	10	91	7.0
b	10	95	7.0
4- a	10	73	6.8
b	10	69	6.9

* 本文参照

表 9·6　クルマエビ幼生微粒子飼料の組成

組成	飼　料（％）					
	イカ ミール	ブラウンフィ ッシュミール	ホワイトフィ ッシュミール	オキアミ ミール	大豆 タンパク	カゼ イン
カニタンパク質	23	23	23	23	23	23
イカミール	47	—	—	—	—	—
ブラウン フィッシュミール	—	42	—	—	—	—
ホワイト フィッシュミール	—	—	47	—	—	—
オキアミミール	—	—	—	53	—	—
大豆タンパク	—	—	—	—	42	—
カゼイン	—	—	—	—	—	35
α-セルロース	6	11	6	—	11	18
その他一般組成	24	24	24	24	24	24
合　計	100	100	100	100	100	100
κ-カラゲナン	5	5	5	5	5	5

　成長指数の算出法は次のとおりである．最初に各幼生のステージを数値に換算する．ゾエア1ステージ＝1，ゾエア2ステージ＝2，ゾエア3ステージ＝3，ミシス1ステージ＝4，ミシス2ステージ＝5，ミシス3ステージ＝6，ポストラーバ1ステージ＝7．次に各幼生ステージごとに尾数を乗じて，その合計を求め，最後に生残尾数で除すれば，成長指数を求めることができる．

　成長指数＝$\{(1\times a)+(2\times b)+\cdots\cdots+(6\times f)+(7\times g)\}/N$　a＝ゾエア1ステージの尾数，b＝ゾエア2ステージの尾数，c＝ゾエア3ステージの尾数，d＝ミシス1ステージの尾数，e＝ミシス2ステージの尾数，f＝ミシス3ステージの尾数，g＝ポストラーバ1ステージの尾数，N＝生残尾数．

§5. 大豆タンパク質の利用

　大豆タンパク質は図9・2のとおり，脱脂大豆を水抽出してえられた豆乳を酸性下で遠心すると，その上清からは大豆乳漿が，沈殿からは分離大豆タンパク質が分画される（不二製油株式会社）．一般分析値は粗タンパク質（乾物換算）90％，粗灰分5.0％，粗繊維0.3％である．

　クルマエビ幼生用微粒子飼料において，カニタンパク質をベースとした場合の効果的なタンパク質源の組合せが検索されている[9]．カニタンパク質にイカミール，ブラウンフィッシュミール，ホワイトフィッシュミール，オキアミミール，カゼインおよび上記大豆タンパク質を，それぞれ混合すると（表9・6），カニタンパク質＋ブラウンフィッシュミールをのぞき，いずれの組合せも良好な結果がえ

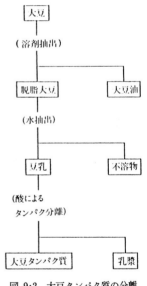

図9・2　大豆タンパク質の分離

られている（表9・7）．とくにカニタンパク質＋大豆タンパク質は優れ，大豆タンパク質含量が30％を超えない限り，クルマエビ幼生は順調に成長および生残できることを示している（表9・8および9・9）．

表 9·7　クルマエビポストラーバ 1 の全長に対するカニタンパク質と
大豆タンパク質などの組み合わせの効果

タンパク質源	平均全長*
カニタンパク質＋イカミール	4.16 a
カニタンパク質＋ブラウンフィッシュミール	3.35 b
カニタンパク質＋ホワイトフィッシュミール	4.11 a
カニタンパク質＋オキアミミール	4.08 a
カニタンパク質＋大豆タンパク質	4.14 a
カニタンパク質＋カゼイン	4.38 c

* 同文字は，統計的に P＜0.05 で有意差がないことを示す

表 9·8　クルマエビ幼生微粒子飼料の組成

組　成	飼　料（％）					
	1	2	3	4	5	6
カニタンパク質	—	—	67.3	50.5	41.5	29.9
大豆タンパク質	—	26.3	7.7	22.2	30.0	40.0
カゼイン	60.0	39.4	—	—	—	—
α−セルロース	12.0	9.3	—	2.3	3.5	5.1
その他一般組成	25.0	25.0	25.0	25.0	25.0	25.0
合計	100	100	100	100	100	100
κ−カラゲナン	5	5	5	5	5	5

表 9·9　クルマエビポストラーバ 1 の全長に対するタンパク質源
の組み合わせの効果

タンパク質源の組み合わせ比	平均全長*
カゼイン	4.23 a
カゼイン：カニタンパク質＝34：23	4.34 b, c
カニタンパク質：大豆タンパク質＝67：8	4.47 d
カニタンパク質：大豆タンパク質＝51：22	4.42 c, d
カニタンパク質：大豆タンパク質＝42：30	4.42 c, d
カニタンパク質：大豆タンパク質＝30：40	4.25 a, b

* 同文字は，統計的に P＜0.05 で有意差のないことを示す.

　クルマエビは稚エビの場合，飼料への結晶アミノ酸の補足は無効とされてい
るが[10,11]，幼生の場合にはアミノ酸の効果が認められている[12]．大豆タンパク
質を単独のタンパク質源とした場合（タンパク質50％），メチオニン 3％およ
びリジン 1％の結晶アミノ酸を補足した微粒子飼料は，クルマエビ幼生の成長
や生残を改善させることが，飼育試験により証明されている（図9·3および

9·4)*.

§6. 大豆ペプチドの利用

仔稚魚の微粒子飼料では，大豆ペプチドが摂餌誘引性または成長促進性を有することが知られている．クルマエビ幼生に対する大豆ペプチドの栄養価が飼育実験により検討された．分離大豆タンパク質は，中和・加熱失活後，エキソプロテアーゼを含む複合酵素で分解し，分解物から可溶性タンパク源が回収され，殺菌，噴霧，乾燥によって

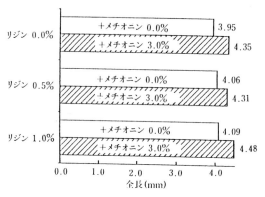

図 9·3　クルマエビ幼生の成長に対する大豆タンパク質微粒子飼料中アミノ酸の補足効果

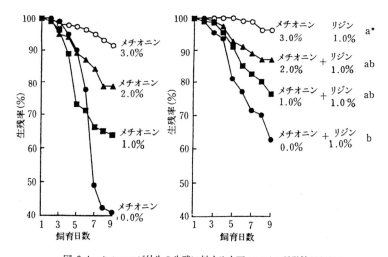

図 9·4　クルマエビ幼生の生残に対する大豆タンパク質微粒子飼料中アミノ酸の補足効果
* 同文字は，統計的に P＜0.05 で有意差がないことを示す.

* 越塩俊介・手島新一・金澤昭夫：平成 6 年度日本水産学会春季大会講演要旨集, 1994, p. 39.

大豆ペプチドが調整された（不二製油株式会社）。この大豆ペプチドの分子量は1000以下付近を主成分とし，平均ペプチド鎖長は3〜4で，遊離アミノ酸を約20%含んでいる。粗タンパク質50%のカゼイン飼料を基本微粒子飼料とし，これに10%の大豆ペプチドを添加した区と比較したところ，大豆ペプチド添加区と無添加区では，体長および生残率について統計的有意の差はみられなかったが，飼育11日目における成長指数などは，大豆ペプチド添加区が高い傾向を示す。

　日本におけるクルマエビ養殖生産量は3,000トンに過ぎないが，世界の生産量は60万トンを超し，その種苗生産数は数百億に達すると推定され，今後微粒子飼料の生産量も増大するものと考えられる。しかしながら，微粒子飼料に使用されるタンパク質源素材としては，一般の配合飼料に比較すると微々たる量であるが，甲殻類幼生用微粒子飼料の素材は，高純度で栄養価の高いものが要求される。また，タンパク質資源節約のため，代替タンパク源の利用というよりは，甲殻類のなかには植物食性の種類もあり，クルマエビ類も初期飼料として珪藻や緑藻を摂餌しているので，植物性タンパク質などの検討が必要である。また，微粒子飼料は一般配合飼料に比較して極めて高価であるが，価格低減のためにも，動物性タンパク質を植物性タンパク質に切換えてゆかなければいけない。今後の研究に期待したい。

文　献

1) A. Kanazawa : Proc. Ist. Intl. Conf. on Culture of Penaeid Prawns/Shrimps (eds. by Y. Taki, J. H. Primavera, and J. A. Llobrera), SEAFDEC Aquaculture Dept., Philippines, 1985, pp. 123–130.

2) A. Kanazawa : *AQUACOP IFREMER, Actes de Colloque*, **9**, 395–404 (1989).

3) M. N. Bautista, O. M. Millamena and A. Kanazawa : *Marine Biology*, **103**, 169–173 (1989).

4) I-C. Liao, A. Kanazawa, M.-S. Su, K. -F. Liu, and H. Kai: 2nd Asian Fisheries Forum (eds. by R. Hirano and I. Hanyu), Asian Fish. Soc., 1990, pp. 337–340.

5) A. Kanazawa : Proc. Aquaculture Nutrition Workshop (eds. by G.L.Allan and W. Dall), NSW Fisheries, Brackish Water Fish Culture Res. St., Salamander Bay, Australia, 1992, pp. 64–71.

6) S. Teshima and A. Kanazawa : *Nippon Suisan Gakkaishi*, **50**, 1709–1715 (1984).

7) A. Kanazawa : Proc. Seminar on New Technol. in Aquaculture (eds. by S. H. Cheah and S. Thalathiah), Malaysian Fish. Soc., Malaysia, 1992, pp. 9–28.

8) A. Kanazawa : *AQUACOP IFREMER, Actes de Colloque*, **9**, 261-270 (1989).

9) S. Koshio, A. Kanazawa and S. Teshima : *Nippon Suisan Gakkaishi*, **58**, 1083-1089 (1992).

10) 弟子丸　修・黒木克宣：日水誌, **40**, 1127-1131 (1974).

11) 弟子丸　修・黒木克宣：日水誌, **41**, 101-103 (1975).

12) S. Teshima, A. Kanazawa and M. Yamashita : *Aquaculture*, **51**, 225-235 (1986).

出版委員

会田勝美　岸野　洋久　木村　茂　木暮一啓

谷内　透　二村義八朗　藤井建夫　松田　皎

山口勝己　山澤　正勝

水産学シリーズ〔102〕　　　　　　　　定価はカバーに表示

新しい養魚飼料——代替タンパク質の利用

Use of Alternative Protein Sources

in Aquaculture

- -

平成 6 年10月10日発行

編　者　　渡　邉　　　武

監　修　社団法人　日　本　水　産　学　会

〒108　東京都港区港南　4-5-7

東京水産大学内

- -

発行所　〒160
東京都新宿区三栄町 8　株式会社　恒星社厚生閣
Tel（3359）7371（代）
Fax（3359）7375

© 日本水産学会，1994．興英文化社印刷・協栄製本

出版委員

会田勝美　岸野　洋久　木村　茂　木暮一啓
谷内　透　二村義八朗　藤井建夫　松田　皎
山口勝己　山澤　正勝

水産学シリーズ〔102〕
新しい養魚飼料—代替タンパク質の利用
(オンデマンド版)

2016年10月20日発行

編　者　　　渡邉 武
監　修　　　公益社団法人日本水産学会
　　　　　　〒108-8477　東京都港区港南4-5-7
　　　　　　東京海洋大学内

発行所　　　株式会社 恒星社厚生閣
　　　　　　〒160-0008　東京都新宿区三栄町8
　　　　　　TEL　03(3359)7371(代)　FAX　03(3359)7375

印刷・製本　株式会社 デジタルパブリッシングサービス
　　　　　　URL　http://www.d-pub.co.jp/

ISBN978-4-7699-1496-9　　　　　　　Printed in Japan